都市計画変革論

ポスト都市化時代の始まり

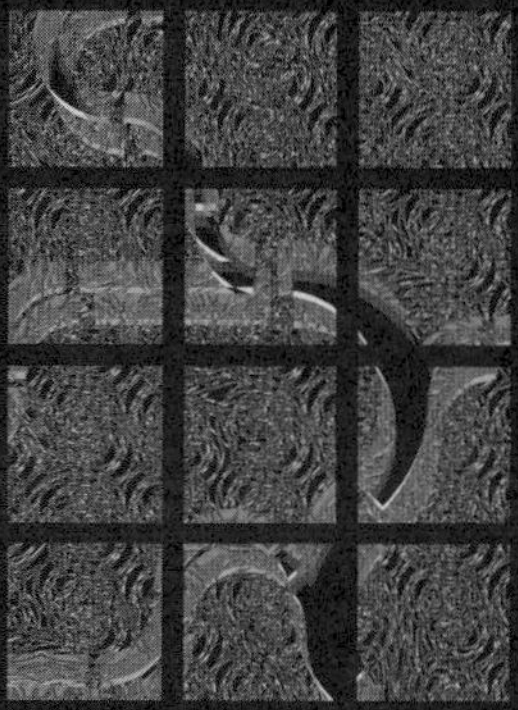

小林敬一

鹿島出版会

はじめに

都市計画について考えるとは、実際の都市や都市空間を前にして、将来に向けて具体的に何ができるのかと考えたり、あるいはそこで行われてきた規制やインフラの整備などといった都市計画的なことがらの歴史的な積み重ねを振り返ってみるだけではなく、都市計画というものの本質や、これからの時代に都市計画はいかなるあり方をするのか、などといったことを考えることも含まれている。隣接する科学領域にある地理学では、地理学とはなんぞやという問いが何度も繰り返しなされてきているが、それは過度の理智主義などと否定すべきものではない。むしろ実際に都市計画に携わりながらも、都市計画とはなんぞやと問いかける姿勢を持つことこそが、手段主義の悪弊に陥らないよう自らの心を励ますことになろう。

重要なことは、都市計画制度というシステムも、法に支えられているからといって、最初に構築した時が完成であってその後の変化を許さないというようなものではないということ。制度創設時点では、たとえ現実の要求に見事に適ったものであっても、社会経済は変化するものであるし、都市自体も変化してゆく。改良を加えてその時々の状況に合ったものとすることが不可欠である。そこには、広く開かれたフィードバックの機構があってしかるべきであり、批判を許さないというのでは困る。むしろ創造的で健全な批判の場を形成することが重要なのであって、私の発言も、都市計画に関わりを持つ一研究者から制度再構築に向けたフィードバックの試みと捉えていただければ幸いである。

特に今は時代の変わり目である。二〇〇八年以降わが国の総人口は減少し始めている。ちなみに二〇一〇年と二〇一五年の国勢調査結果を比べてみると良い。全国八一三市（特別区を含む）の中で、たとえ一人でも良いから人口が増加した市はと、数えてみると二六・四％にすぎない。すでに四分の三ほどが人口減少都市なのだ。もちろん、都市化時代にも都市の盛衰はあった。たとえば一九六五年〜七〇年の間に人口が減少した市は三六・四％あった。当時は「斜陽都市」とも呼ばれたが、石炭産業など斜陽産業を基幹としていたための衰退であった。しかし、それ以上に成長都市における急激な人口増加が当時の深刻な問題となった。大塩洋一郎氏が『日本の都市計画法』に記しておられるが、何せ都市計画法（新法）が検討された当時、「二〇年間に市街地面積が三倍近くになることが予想され」たほどだったのである。しかし、そのような状況に対応すべく組み立てられた都市計画を、今日もなおそのままにしていては、早晩機能しなくなることは当然のことと思われる。

では、これからの都市計画（ポスト都市化時代の都市計画）をどうするのかと考えるのが本書のテーマである。都市計画など不要だという意見があることも承知しているが、それはあまりに都市計画というものを狭く捉え、その不都合な側面だけを見ているように思う。

都市というものがつくられ始めてから五〇〇〇年以上が経つ。広く捉えるなら都市計画は古来あるのであって、これからの時代にもまた新たな都市をつくりだすことであろう。むしろ、時代に応じたしくみによって、時代に適した都市をつくり、時代の舞台をつくってきたのが都市計画である。今日の停滞状況は、時代遅れとなった固定観念にがんじがらめになって、都市計画がその本来の役割を果たせずにいる状況とも捉えることができる。その桎梏から解き放つために、ここでは頭を柔らかくしてその抜本的な改革を考えてみたい。

しかし、かといって荒唐無稽な空想を巡らそうというわけではない。私たちがすでに今、直面している困難な状況の中に、これからの都市計画を考える手掛りがあるし、その課題に応えることから、自ずと新たな都市計画が始まると思うのである。

都市計画自体のビジョンは、近年になって多々描かれるようになってきている。まず二〇〇〇年前後。新たな世紀を迎えるにあたって、二一世紀の都市ならびに都市計画がどのようなものとなるか、多くの発言があった。一例を挙げると、『明日の都市づくり―その実践的ビジョン』（日端康雄・北沢猛編著、二〇〇二年）、『都市の未来』（森地茂・篠原修編著、二〇〇三年）などが著わされている。

また、わが国に都市計画法ができたのは大正八年（一九一九）のことで、二〇一九年には、一〇〇周年を迎える。また、戦後の都市計画法（新法）ができたのが昭和四三年（一九六八）であり、二〇一八年はその五〇周年である。こうした機会に都市計画法の抜本的改正をという国での動きがあり、雑誌『新都市』では、平成二〇年四月より二三年三月まで、越沢明（北海道大学大学院教授）らによる都市計画法制九〇周年特別企画が展開された。

また、二〇一〇年代に入ってからも、多くの先生方が意見を述べておられている。二〇一六年一月には日本都市計画学会が特別号「これからの都市計画」を出している。こうした都市計画自らのレビュー、ビジョン、そして変革論といったものをリストアップしてみると十指に余ったので、巻末に文献リストとして付した。

しかし、私はまだこれら先行の議論・諸説に納得していない。これら諸説が集まって結果として描き出しているところのこれからの都市計画像に納得していない。まだいっておくべきことがあると思うのである。そこには、今、私たちが迎えている歴史的転換期の変化のマグニチュードをもっと大きく見積もるべきだという思いもあるが、それに加えて、この機会にこそ、私たちが日頃当たり前と思っている都市観、計画観を改めて確かめ、都市計画的考え方を根底から見直してみるくらいのことをしなければ、都市計画は信頼を回復できないのではないかと危惧するからでもある。なぜそのように考えているのかというところを本書で語ったつもりである。

第Ⅰ部では、今日の都市計画、特にその中核にあるマスタープランについて、どこにその問題があるのか、都市計画法（新法）ができてから今日に至るまでの小史を振り返り、私自身の経験を交えながら考察した。事実関係については資料に基づいて慎重にたどったつもりであるが、事象間のつながりは一つの解釈を示したにすぎず、諸兄の御批判を乞う次第である。それでもなんとか、形骸化し困難の度を深めている制度の病根を探り当てていれば幸いである。

第Ⅱ部は、これからのポスト都市化時代の都市計画を考えるにあたっての諸条件をまとめた。より多くの文献にあたって知識を集約できれば良かっただろうし、様々なタイプの都市について分析や例示を行うことができれば良かったのだろうが、時間的制約から自分が理解しているところを説明するにとどまった部分も多い。ただそれでも、これからの都市計画を考える上で重要な視点や、これまでの議論に欠けていた視点を示すことができていれば幸いである。第Ⅲ部では、第Ⅰ部、第Ⅱ部のまとめを行い、こうした諸条件に適う都市計画像のラフスケッチを試みた。しかしそれは、一つの可能性にすぎず、ここからが議論の始まりとなろう。

おことわりであるが、諸先輩方の御名前を、本書の中では、敬称を略して呼ばせていただくことをお許しいただきたい。肩書をつけた場合と、括弧書きで発表年を記し文献名として記した場合があるが、それらがない場合は「氏」表記とした。

また、注意をお願いしたいのは、「都市計画」という言葉は、本書の議論が終わる時点では、今日とは異なる意味内容を持つことになる。それは、今日の感覚からすればもはや都市計画と呼ぶよりも何か別の名称を与えた方が良いと思われるかもしれないが、本書ではそうはしなかった。その代わり、本書では、最初からそのような幅広い可能性を含んだ概念として「都市計画」という言葉を用いているということになる。その点御理解の上、議論にお付き合いいただきたい。

二〇一六年一〇月二〇日

目次

Ⅱ　都市計画をとりまく状況や考え方の大きな変化

Ⅲ　新たな都市計画像のラフスケッチ

付

I　都市計画は変革しなければならない

1章　マスタープランの困難

都市計画マスタープラン策定を巡るある自治体での混乱

ある町X市での経験から始めよう。X市では都市計画のマスタープラン（市町村マスタープラン）を改訂することになった。しかし二年ほどの検討を経て、市の都市計画審議会に上がってきたその原案は、私が見る限り、ひどいものであった。もちろん、ここに至るまでに、市の担当課は、たくさんの人や団体と協議を重ねてきていた。庁内の関連各課とは、もちろん何度も協議を重ねたし、有識者らとは研究会を開いた。二〇以上の地区には、それぞれ出向いて、それも複数回ずつ意見交換会を持った。市民ワーキングや関係団体との意見交換会も開いた。そして迎えた都市計画審議会だったのだ。だから、担当者からすれば、この審議会では当たり障りのない意見をいくつかもらう程度で、最後の手続きとなるパブリック・コメントの段階に入れると思っていたかもしれない。

しかし、このように関係者の了承が得られればマスタープランが成立すると考えるところにすでに現代都市計画の問題があると、私は思う。このことは後で改めて説明したい。

ともかく、私にいわせれば、その計画書案は、よくここまで誰も注文をつけずにきたものだとあきれる代物であった。もっとも、その文章のわかりにくさという点に関しては、実は、皆がそれぞれに注文をつけたためにこのようになったことが後でわかるのだが。しかし、それ以前に、もっと重要な問題点があった。まず第一に、技術的合理性を欠いていると思われたこと。

たとえば、掲げられた目標人口。昔だったら人口フレームといって、計画の原点にあって大切にしたものだ。私の頭が古いのであろうか。[*1] その目標人口を昼間人口と交流人口を合わせたものとしているのはまだ良いとしても、そうした目標値を達成するために何をするのかが示されていない。さらに、その目標値を達成することがこの町にとってどのような意味があるのかも語られていない。計画にとって目標を掲げるには、それが目標として妥当であると考えられる必要があるし、そうした目標を掲げることによって、その達成のために必要な計画実現手段が見えてくる必要がある。言い換えると個別の計画実現手段が特定の目標の下に組織化されるからこそ、目標が重要なのである。つまり、個別の計画実現手段の「正当化」のためにマスタープランが必要なのだ。そうした「目標」とそのための「実現手段」とのつながりが見えないようでは、何のためにマスタープランをつくっているのかわからなくなってしまう。

さらに、この計画書案に掲げられた将来都市構造や土地利用構想図といった図を見ると、郊外市街地に「地域拠点」なるものが描かれている。この拠点には、これからの高齢化社会に向けて暮らしに必要な機能の集約化を進めるとある。これが立地適正化計画の受け売りであることはすぐにわかる。しかし、これもまた、どのようにして実現するのであろうか。目標達成のために必要な実現手段を適切に組み立てていないという点では、先の目標人口の場合と同じである。それに加え、高齢者が徒歩や公共交通機関でゆくには不適切な大規模ショッピングセンターを拠点にあてるなど、そもそものところで説得力がない。立地適正化計画の考え方を理解しつつ、地域の条件にあった将来像にすべきところが、そうはなっていない。にわか仕立ての将来像は、ビジョンに必要なリアリティを欠いているのである。*2

計画書の細部を読んでゆくと、何を指しているのか、あるいはどのような状態を想定しているのか、わからない箇所が多々出てくる。関係者との協議の中でいろいろと注文がついた挙句このような表現になったことを後で聞いたのだが、第三者が読んでわからないのでは困る。

審議会自体は、結局、めちゃくちゃになった。いっておくが私のせいではない。私が文句をつけるより前に、ある委員が猛烈な行政批判を始めたのだ。批判の対象が審議会自体にも向けられたので、審議会を混乱に陥れるに十分な破壊力となった。議論は進まなかった。的外れの批判は対立を止揚させるものではない。ただ、後日、その委員の地元が中心部で、中心市街地の活性化がうまくいっていないことに反発していたのだと知って、無理からぬことと思った次第である。

さらに悪いことに（結果としては良かったのかもしれないが）、この都市計画審議会の後、市長選があり、前市長の後継と目されていた候補が敗れて新たな市長が就任すると、その公約と合わせるためにマスタープランを再度見直すことになった。都市計画が政治過程とどのような関係を持つべきかは、改めて検討すべき課題であると思うが、少なくともこのような形でないことは確かであろう。ただこれで、市長の選挙公約が計画目標としての妥当性を持っているかどうかわからないためである。技術的にも問題のある計画書がそのまま世に出ることはなくなった。

しかしこれは例外なのか

　さて、これを、お粗末な自治体のあきれた事の顛末とするのであれば、話はこれで終わりなのだが、この度の経験は、都市計画マスタープラン制度の、ひいては都市計画制度自体の問題点を率直に示したものなのかもしれないと、思うようになった。どこの町でも、人口減少が進む状況では、これまでの都市計画のやり方は通用しなくなるはずである。ただ、多くの都市は、そこに生じるはずの矛盾に蓋をし、従来通りの型にはまったマスタープランをつくり続けているのかもしれない。それが大人のやり方だというのであろうか。マスタープランの役割が、「具体の都市計画」*3に予算をつけてもらうための図書《ずしょ》づくりであると考えれば、それで良いのかもしれないが、しかしそうしている限り矛盾は温存され、議論は起きず、技術として、学問としての都市計画は停滞するのだ。子どものように率直に矛盾をさらけ出してくれたX市に感謝しなければならない。これが議論の入り口かと思うと、私にも、俄然、探究のファイトが湧いてきた。

　さてX市の事例の問題点をひと言でいえば、一年間の調整を経てまとめられた計画書案に説得力がなかったことである。技術的合理性に欠けると見る私はもちろんのこと、中心市街地と関わりの深い委員を納得させることもできなかった。さらには新たな市長も納得がいかなかった。それぞれ納得がいかなかった理由は異なるが、かように説得力を欠いているようでは、マスタープランとして通用しない。というよりも、自分たちの都市の将来に向けた道標《みちしるべ》として大切にしようという気持ちにもなれまい。

なぜ、このようなことになってしまったのであろうか。一般論として考えてみるには、第一に歴史を振り返り、今日の状況をもう一度客観的に捉えなおしてみる必要があろう。その上で、これからの時代に説得力を持ったマスタープランないしは都市計画というものが可能であろうか、と問うてみたい。その状態で求めるべき説得力とはどのようなものかという問いと合わせて。

都市計画マスタープランとは何か

紹介が遅くなったが、ここで問題視したのは「市町村マスタープラン」と呼ばれるもので、それは市町村がつくる「立地適正化計画」を含み、都道府県が定める「都市計画区域マスタープラン」とともに「都市計画マスタープラン」として機能するものである。マスタープランが大事と思うのは、それが都市計画の根幹にあるものだと考えるからである。

そもそもマスタープランとは何かと考えてみると、私なりの表現であるが、「具体の都市計画を正当化する、長期的で総合的なビジョン」である。[*4]「具体の都市計画」とは、都市計画用語であって、土地利用規制をかけたり道路整備事業を計画するといったように直接私権に関わる（拘束的な[*5]）計画的行為を指しており、マスタープランの示す計画目標に対して、その計画実現手段（implementation[*6]）となっていることを意識して用いている。都市計画の個々の規制や事業等は部分的なものであり、将来に形成しようとしている全体像に照らしてはじめてその必然性・妥当性が理解されるのであり、それがひいては行政行為としての正当性を保証するのである。実際にそうなのかどうかは、後で議論したい。

国交省が示している『都市計画運用指針[*7]』では、具体の都市計画の方を主語として、「個々の都市計画の決定にあたっては、その必然性、妥当性が説明される必要があるが、これが総体としての都市計画の一部を構成するものである以上、将来の目指すべき都市像との関係を踏まえ、総合性、一体性の観点から常に検証されなければならない」と、具体の都市計画の正当化の必要性が丁寧に説明されている。

『都市計画運用指針』は続けて、マスタープランの機能は、「住民に理解しやすい形であらかじめ長期的な視点に立った都市の将来像を明確にし、その実現に向けての大きな道筋を明らかにしておくこと」だと指摘し、またさらにそうして「どのような都市をどのような方針の下に実現しようとするのかを示すことにより、住民自らが都市の将来像について考え、都市づくりの方向性についての合意形成が促進されることを通じ、具体の都市計画が円滑に決定される効果も期待しうる」と、マスタープラン策定の効用を述べている。[*8]

このめざすべき将来の都市像を描き出すこと、ならびにその実現のための道筋を示すことが、マスタープランの役割であり、結果として、そこに位置づけられた具体の都市計画を正当化するのである。

わが国の都市計画マスタープラン制度の発達小史

わが国の都市計画法に都市計画マスタープランの萌芽が登場したのは、昭和四三年の新法誕生の時である。その名は「市街化区域及び市街化調整区域の整備、開発又は保全の方針」。当時、都市計画法第七条第四項にあった規定である。[*9]これを当時の建設省がマスタープランとして機能させようとしていたことは、昭和四四年の通達に、「市街化区域及び市街化調整区域の整備、開発、保全の方針に基づき地域地区、都市施設、市街地開発事業を総合的に定めることにより、都市計画の総合性の確保に努めること」と、あることからわかる（表1・1 年表-①）。[*10]

しかし実際は、そのようにはならなかったことは、大塩洋一郎氏、[*9] 稲本洋之助氏[*11]などが指摘している。この通達に基づき実際につくられたものは仕方なしに作成されたかのような行政文書の域を出ず、マスタープランとしては機能しなかったようだ。

この方針をマスタープランとして機能させようと、建設省は昭和五五年九月に再び通達[*12]を出す。この通達では、「整備、開発及び保全の方針」として最低限定めるべき内容を、①都市計画の目標、②土地利用の方針、③市街地の開発及び再開発の方針、④交通体系の整備の方針、⑤自然環境の保全及び公共空地系統の整備の方針、⑥下水道及び河川の整備の方針、⑦その他の公共施設の整備の方針と、具体的に示した。[*13] 呼称も「整備、開発又は保全の方針」から「整備、開発及び保全の方針」へと微妙に変わった（表1・1 年表-②）。

しかし、その後日本経済はバブル期を迎え、東京への一極集中や地価の高騰など、土地の適正な利用が阻害される状況が生まれた。そうした状況を受けて、平成三年に、都市計画中央審議会は「経済社会の変化を踏まえた都市計画制度のあり方についての答申」（答申第二〇号）を行った。この答申では、都市計画におけるマスタープランの重要性に着目し、「整備、開発及び保全の方針」の充実と市町村マスタープランの創設が必要と述べられている。[*14] 地価が高騰を続けている状況では、土地の有効利用・高度利用を促しつつ、一方では住居系土地利用の保護を図るべく土地利用規制の強化が求められ、それぞれの都市が、地域地域に応じてきめ細かくそのめざす将来像を明確にして、総合的に

表 1.1　戦後都市計画新法の下での都市計画マスタープランの発展経緯 [15]

	経済社会	都市計画法と都市計画マスタープラン	関連する答申・法・通達・運用基準等
1965	高度成長期	① 1968 都市計画法 （整備、開発又は保全の方針）	＜地方自治体による先進的取り組み＞ 1966 富山市都市開発基本計画 1967 宅地審議会第6次答申（3月） 1968 山形市都市開発基本計画
1970			1975 都市計画法改正（伝統的建造物群保存地区） 1976 緑のマスタープラン（通達による） 1978 都市再開発方針（通達による）
1980	バブル期	1980 都市計画法改正（地区計画制度）	② 1980 整備、開発及び保全の方針の強化（通達） 1989 土地基本法
1990		③ 1992 都市計画法改正（市町村マスタープラン） （用途地域を12地域へ）	1991 都市計画中央審議会・答申第20号(12月) 1995 地方分権推進法 1998 中心市街地活性化法 1999 地方分権一括法
2000		④ 2000 都市計画法改正 （都市計画区域マスタープラン） 2006 都市計画法改正 （大型店の立地規制強化）	2000 都市計画運用指針　第1版 2001 建設省から国土交通省へ 2002 都市再生特別措置法 2004 景観法 2006 中心市街地活性化法改正 2007 社会資本整備審議会第二次答申（7月） 「集約型都市構造の実現に向けて」
2010		⑤ 2014 都市再生特別措置法の改正 （立地適正化計画）	2014 都市計画運用指針の改訂（第7版） （立地適正化計画をマスタープランに）

都市計画を推進する必要があったと考えられる。

この答申を受けて、平成四年（一九九二）の都市計画法改正が行われた。通称、市町村マスタープランと呼ばれる「市町村の都市計画に関する基本的な方針」は、この都市計画法改正により第十八条の二として新たに加えられた（表1・1 年表-③）。一方の「整備、開発及び保全の方針」の方は、平成一二年の都市計画法改正により、すべての都市計画区域について、都道府県が、法定の都市計画手続きを経て定めるものとされ（第六条の二）、一般に都市計画区域マスタープランと呼ばれる「都市計画区域の整備、開発及び保全の方針」となった（表1・1 年表-④）。

こうして都道府県の定める都市計画区域マスタープランと、市町村の定める市町村マスタープランとがあって、それぞれに即してそれぞれの具体の都市計画（前者であれば線引きや根幹的都市施設の計画、後者であれば、用途地域や根幹的なものを除いた都市施設の計画や地区計画など）が定められるという、二段二層制と称される都市計画マスタープランの体系が築かれた。[*16]

近年、この都市計画マスタープランの体系に新たに加わったのが立地適正化計画である。これは平成二六年に都市再生特別措置法を改正してつくられた制度で、集約型都市構造（コンパクトシティ）を実現しようというものである（表1・1 年表-⑤）。

都市計画マスタープランの成立時期が意味すること

駆け足で振り返ってみたが、わが国の今日の都市計画マスタープラン制度の骨格がつくられたのは平成四年、戦後の都市計画法（新法）がつくられてからすでに二四年が経過してのことであった。

この時間の差は何だったのであろうか。確かに、新法制定以降は線引きに追われそれどころではなかったというのが現場での実情であろうが、マスタープランがなくとも都市計画は行われていたのであり、そこに導入されたマスタープランの役割、あるいは意義といったものを改めて考えてみる必要があろう。

もう少し詳しくいうなら、都市計画担当者の脳裡には常に施策のねらいがあるとしても、マスタープランという制度ができる前はそれを体系立てて説明する必要はなかったのである。いやむしろ公表してしまうと、事業予定地ならびにその周辺では土地の買い占めが発生し、計画の実現がかえって阻まれたことであろう。土地への投機が沈静化するまでマスタープランの実現は待たなければならなかったのかもしれないし、そうしたおそれがなおありながらも、将来像を明確化し市民の間で共有することの意義が意識されたのかもしれない。マスタープランの説得力そのものが怪しくなっている今日、その意義を改めて問うてみるべきと思うのである。

1章　註

＊1　確かにこれは古い考えである。詳しくは後で述べるが、少なくとも、『都市計画運用指針　第八版』においても、都市計画区域マスタープランに対しては、それが区域区分の判断をするために、人口フレームを基本とすることを求めているものの、市町村マスタープランに対しては人口フレームを求めてはおらず、将来の人口を掲げる際には、都市計画区域マスタープランと「同一の予測人口を前提とすべき」と述べるにとどまっている。

＊2　国の掲げるビジョンを鵜呑みにする。それが現実に合わないものであっても適当にあてはめた計画図を描く。そして、それに基づいて事業を起こし予算をつける、といったプロセスが大変危険なことに気づくべきであろう。
＊3　「具体の都市計画」という言葉については本書p.6に説明した。都市計画用語であるが、都市計画法には出てこない。＊1『都市計画運用指針』に用いられている用語である。
＊4　ここでいう正当化とは、「その必然性、妥当性を説明する」ことであるが、より広い一般的意味を持つ。このことについては改めて説明する。
＊5　稲本洋之助（1994）は詳細計画の策定にあたる「行政庁を拘束するが、私人は直接には拘束しない」（p.33）と表現する。
＊6　以下、本書では、単に「計画実現手段」「実現手段」「手段」などと呼んでいる。
＊7　『都市計画運用指針』は平成一二年一二月を第一版とし（都市計画協会発行）、その後改訂が重ねられ、平成二七年四月一日に一部改正されて第八版となっている。
＊8　これは都市計画にとっての効用であるが、この表現に違和感を覚える読者には、すでに、現代の都市計画のもう一つの問題が見えていると思われる。これについては改めて議論する。
＊9　大塩洋一郎（1981）『日本の都市計画法』、ぎょうせい
＊10　建設事務次官通達（昭和四四年六月一四日）「都市計画法の施行について」
＊11　稲本洋之助（1994）「都市計画制度の再構築―都市計画法改正の意義と新たな課題」法律時報 vol.66 no.3, pp.32-38
＊12　建設省都市局長通達（昭和五五年九月一六日）「市街化区域及び市街化調整区域に関する都市計画の見直しの方針について」（＊9、p.284より）
＊13　＊9前掲書、pp.284-286
＊14　財団法人都市計画協会（2002）『都市計画中央審議会答申集』
＊15　拙稿（2016）*On Emergent Difficulties and Suggested Solutions for a Reform of the Japanese Urban Planning System in the Post-Urbanization Period-A Rethinking of the Master Plan,* IPHS. 大会発表論文に用いたものを日本語にし、一部追加修正した。
＊16　二段とは都道府県、市町村各々に、二層とは計画（非拘束的）と手段（拘束的）に分かれていることをいう。

2章　物的計画型のマスタープラン、そのモデルの誕生

マスタープランというイメージ

マスタープランという言葉が、物事を決定づける大きな力を持つもの、あるいは、全体を調整し指導力を発揮して望ましい都市を実現する、そのようなしくみを人々にイメージさせるとしたら、それは誤解であり過大な期待であると、今日の都市計画家であればいいたくなることであろう。公共サイドの持っている限られた権限と苦しい財政状況、その一方でますます多様化する市民の価値観を知る限り、そもそもそのような絶対的な将来像を描くことが困難に思われるからである。

しかし、こうしたリーダーシップのあるマスタープラン像がいまだに人々の頭にあるとすれば、それは都市計画マスタープランが制度化される以前の、都市化の勢いが盛んであった頃のマスタープラン、すなわち都市建設のためのマスタープランに根ざしているものと思われる。

表1・1（p.9）に記したが、都市計画法（昭和四三年法）が制定される直前に富山市や山形市をフィールドとして、大学の研究室と自治体の協力の下、都市計画のモデル・スタディが行われている。[*1] これらは、まさにこれから市街地拡大が進もうという時の計画である上、若き研究者たちがあるべき都市像、ないしあるべき計画像を追求して描いたものであり、その成果は、都市建設のための物的計画（フィジカル・プラン）としてこれからの都市計画を方向づける印象深いものとなった。ここでは、

後者、「山形市都市開発基本計画」（一九六八）を例に、その策定時の状況を資料から振り返り、それが代表するマスタープランの一つの型、本書で「物的計画型マスタープラン」と呼ぶものについて、その特徴を考えてみたい。

モデル・スタディとなった山形市都市開発基本計画

「山形市都市開発基本計画」は、高山英華（東京大学教授）とその研究スタッフたちによって描かれたといっても過言ではない。山形市にとっては第二次の総合計画となるものであるが、第一次の総合計画策定の時（一九五八）から高山教授とは関わりがあった。それから八年後、昭和四一年（一九六六）七月に、調査・計画研究が始まっている。ちなみにそのスタッフたちの顔ぶれを見ると、伊藤滋（当時助教授）をはじめ、後にわが国の都市計画界をリードすることになる錚々《そうそう》たる面々である。[*2] 彼らの若き日の情熱が傾けられたわけであり、こうした場を通して経験が共有されたという点でも、都市化時代の計画像を確立する上で影響が大きかったものと思われる。

大学の研究スタッフたちは、一年間の作業期間の後、中間報告書Ⅰ（一九六七年六月）、中間報告書Ⅱ（六七年一〇月）、中間報告書Ⅲ（六八年五月）とまとめ、[*3] その都度、山形市が設けた総合企画審議会に報告し議論するという形をとっている。これは先行した富山市都市開発基本計画が、森村道美（東京大学名誉教授）の言によると「市の計画検討のスケジュールと直接的な接点を持たない提案にすぎなかったとも言える」[*4] とあるのに対し、大きな進化であった。

当時の山形市の状態

この計画の内容を理解するために、私たちはまず、当時の山形市の状態を理解しておく必要がある。当計画が策定される一九六八年は、都市計画法（新法）制定の年でもあり、全国的には都市人口の増加が勢いを増していたが、幸いにこの辺りにはまだその波は押し寄せておらず、明治以降、旧城下町のまわりに徐々に市街地を拡大させてきていたものの、その量はまだわずかであった。当時近年の人口増加を見ても、昭和四〇年（一九六五）の国勢調査による山形市の人口は一九三、七三七人であり、五年前に比べて四、七六二人の増加でしかなかった。山形市の人口急増期は、一九七〇年から一九八〇年にかけてであり、当計画はちょうどその直前に立てられたことになる。馬見ヶ崎川のつくる扇状地上に発達した市街地、その四周にはまだ広々とした農地が広がっていたのである。

山形市都市開発基本計画の技術的プロセス

この計画素案を議論した山形市総合企画審議会のメンバーは、市会議員や県の関係者、ならびに学識経験者からなっていた。第一回（一九六七年六月二八日）には中間報告書Iの内容が報告されている。研究スタッフの側から、①広域的観点からの位置づけ、②機能的な変化動向、③将来の街づくりに関する問題点についての説明があったが、学識経験者に欠席が多かったこともあってか、地元委員からはあまり意見は出されていない。仕方なく、次回までに意見を寄せてくれるよう求められて、第一回目の会議は終わっている。[*5]

中間報告書Ⅰの内容は、手順という点では今日と変わりはないが、その作業量と緻密さには驚かされる。人口予測といっても、どのような手法が適切か経験がない時代のことだから、ひと通りの推計ではすまされず、たとえばトレンド推計した上で県人口に占める割合でチェックするなどといった手間をかけている。人口が推計できたとしても、世帯分離も進みつつあるので、その変化の度合いも推測しなければならない。次に人口増がどの程度の市街地の拡大に結びつくのか予測するには、各種の用地需要がどの程度生じるのか、すなわち土地利用の原単位を推し量る必要があった。しかしまだ、都市化の経験がなかったものだから、先進地であるアメリカ都市の調査データを基に、富山市の例とも比較して原単位の設定を行っている。人口増は、さらに各種産業の発達、交通量の増大をもたらすが、それらはさらに商圏の変化や業態の変化、都市化に伴う近郊農業の変化、自動車保有率の変化など質的な変化に及ぶものと予想されている。都市化時代における都市の変化は総合的なものであって、定量的・定性的な推測を様々な角度から行い、結果を総合して都市の将来像を正しく描き出すことがいかに大変な作業であったかがわかる。

八月には、四つの専門部会が開催されたが、[*6] 議事録を見る限り、議論が噛み合っているようには見えない。地元委員からは、各々が関係する領域のかかえる懸案や対応策に向けた要望等が語られているものの、これから先の都市の構造的な変化を踏まえた意見や要望などは出ていない。地元にあって、この時点までの山形市を見ている限り、これから先に起こる市街地の急速な拡大と都市構造の劇的な変化、そしてそこに生じる生活の変化までは想像し難かったのではなかろうか。もっとも、報告書に対して「難解である」との声も漏れている。

一〇月三〇日には、中間報告書Ⅱに基づいて、第二回総合企画審議会と第二回専門部会（合同部会）が同日に開催された。中間報告書Ⅱの中心課題は、中間報告書Ⅰで明らかにした将来想定人口や各種宅地需要に基づいて、どのような場所にどのような市街地形成を行うのか、それをどのような道路網で支えるのかといった、市街地のレイアウトの問題に移った。

報告書では都市開発の三本の柱として、①農村部開発と連携した市街地の整備、②市街地周辺部から中心部へ容易に到達できる都市軸の建設、③広域文化拠点としての中心施設を掲げているが、これらは、レイアウトつまり実際に絵《プラン》を描く際の方針ともなる。同計画書は、市街地の拡大する方向については、集中型、分散型、帯型、十文字型の四通りを想定し、それぞれの長短を比較している。また、道路網についても、軸型、格子型、ループ型の三通りを想定し比較を行っている。これらを組み合わせた一案をまとめてこの会議に臨んでいるのである。

この日の午前に開かれた第二回専門部会では、前回欠席していた伊藤善市（東京女子大教授）の出席などもあって、活発な議論のやりとりがあった。とりわけ興味深いのは、伊藤善市教授が、この計画はモデルとなるものだから「ここはひとつ偉大なる実験をやる覚悟でやらなければならない[*7]」といったのを受けて、伊藤滋（当時助教授）からは、スプロールとは異なる形での「農業と都市との共存が出来るのではないか[*8]」「農業との共存でも偉大な実験をやってみたい[*8]」との発言があったこと、さらには、土地区画整理事業でつくられる市街地の無性格さを指摘した上で、山形のような戦災にあっていない都市の良さを残しながら再生してゆくための「古いものと新しいものの共存の偉大な実験[*9]」であるとも述べられている点である。その後、地元の前田委員からは、「渋味のある文化都市であり、

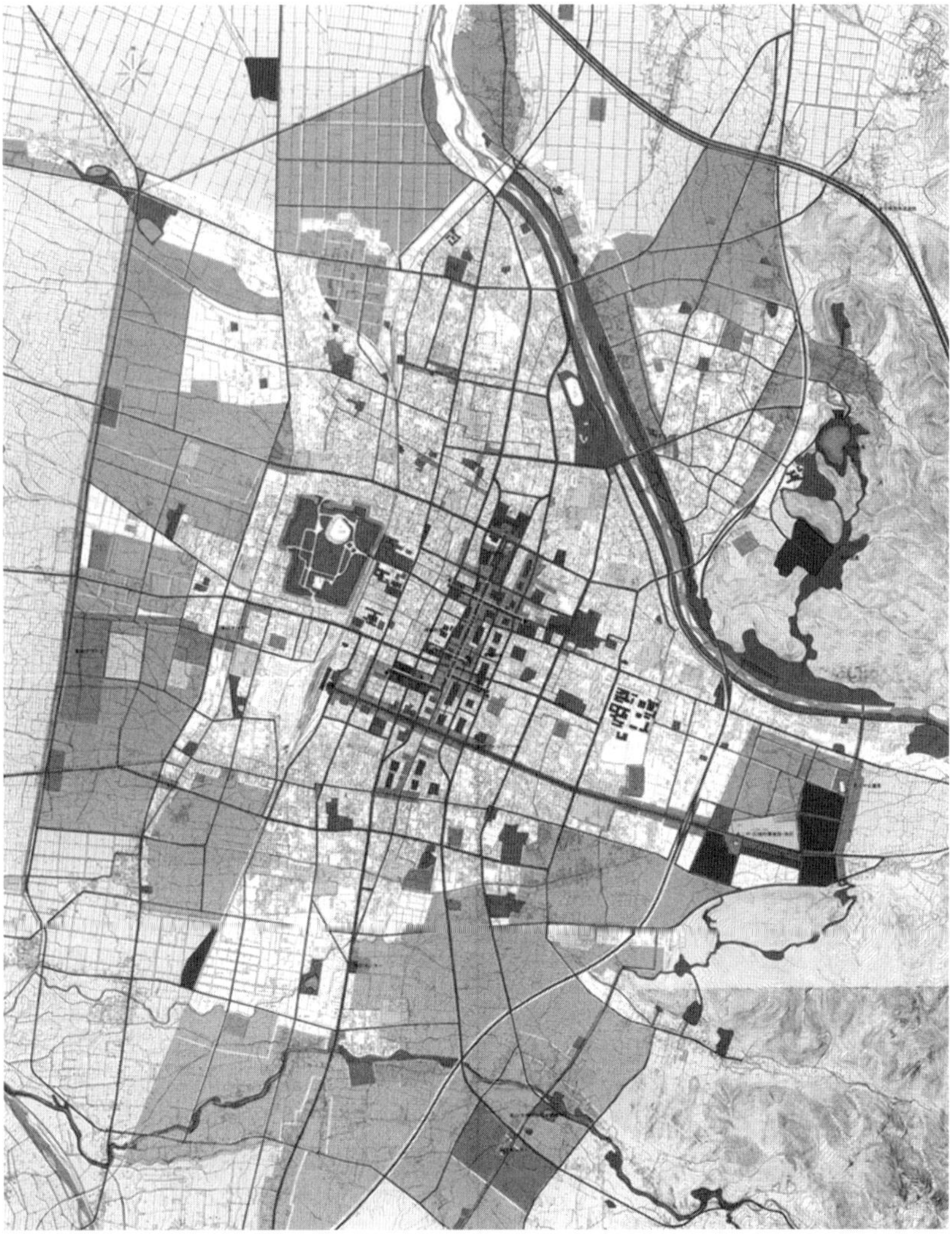

図2.1　山形市都市開発基本計画（市街地開発基本計画図）、1968
（山形市資料より）

図2.2　山形市市街化区域ならびにその用途地域、1972
（山形市資料より）

田園都市であるという非常に気分さわやかな都市造り」[*10]を基本にといった要望が語られているし、午後の審議会でも、市村委員からは、歴史的なものを残し近代化につなげてゆくというあたりをもう一つの柱に入れてほしいとの意見が出されており、[*11]午前中のやりとりは大いに共感を得たように見受けられる。さらに約一か月後の一二月一日に開催された専門部会では、地元委員から景観やシンボルに関する様々な意見が出され、市街地拡大の場所の問題についても具体的な意見が述べられている。[*12]

ただ、翌四三年の三月二九日に開催された第五回専門部会では、当初、二一一、〇〇〇人[*13]と見ていた昭和六〇年の想定人口が、二五二、五〇〇人ないし二五三、〇〇〇人と、急遽大きく上方修正された。このいきさつは不明であるが、先に述べたように一九七〇年から八〇年にかけて人口急増期を迎えるので、こちらの方がより正確に推測されていたことになる。実際、昭和六〇年（一九八五）の国勢調査人口は二四五、一五八人となる。

その後について

この山形市都市開発基本計画（第二次総合計画）は、その後、東京藝術大学の大学院生の参加も得て、密度高いきれいな計画図書《ずしょ》にまとめられ、昭和四三年九月二八日に山形市から発行されている。[*14]以上見てきたように総合企画審議会という場を通してオーソライズされ、行政的にもしっかり受け止められたこの計画は、計画としての幸せな道を歩んだように見える。その後、都市計画法（新法）の下、線引き（市街化区域、市街化調整区域の区分）ならびに新用途地域の設定などに反映されてゆくのであるが（図2・2）、その都市計画図と比較してみると、[*15]当該基本計画（図2・1中心部分）の特徴がより明確になる。

すなわち、昭和四五年設定の市街化区域は、都市開発基本計画が昭和六〇年の想定人口を収容するのに適切とした範囲とほぼ同じである。また市街地の西側を区切る線や、工業地区の配置なども、都市開発基本計画のものがそのまま用いられている。ただ、都市計画道路は、都市のレベルで必要な主要なものに限定されており、中心市街地の商業軸に背後からアクセスする東西二本の道路は、ここには記されなかった。つまり、マスタープランとしては、都市レベルから地区レベルまで幅広くかつ総合的に考察し、まとまりのある将来都市像を描き出していたこと、そのうち、地域地区や都市計画道路など、計画実現手段が制度的に用意されていた都市レベルの内容が、具体の都市計画に移されていったことがわかる。地区レベルの表記内容は、熟度は低いとしても、将来都市像の総合性のためには欠かせない意味を持っていたものとも理解される。

物的計画型のマスタープラン

山形市の第二次総合開発計画策定に参加した研究者たちは、最初から第一次総合計画（昭和三三年・一九五八）を批判的に捉えていた。それは、昭和二九年の大合併の後に新市の方向づけのために策定されたものであり、各課のプロジェクトを束ねたようなものだったからである。計画の総合性を確保するには、一貫した論理の下に将来像を描き出す物的計画（physical plan）を確立する必要があることが強く意識されていたのである。

その目論見《もくろみ》は見事に達成された。人口をベースにして、各産業の発達を予想し、社会的・文化的変化も加味して、各種の用地需要がもたらす市街地の拡大を量的に予測し、その活動を効率的に支えるインフラストラクチャを考え、土地条件などを見ながらレイアウトして将来都市像を描き出したのである。後は、こうした都市施設整備や市街地開発を、いつどこをどのような手法で行ってゆくのかというプログラムを考え実行してゆけば良い。こうして、極めてリーダーシップのあるマスタープランができた。このような物的計画の方法は、ちょうど市街地拡張期にあった全国都市に応用されるとともに、都市計画のモデルとして皆の頭の中に定着したものと思われる。

以上、山形市の都市開発基本計画の策定過程を見てきたが、若干の付随的考察を付け加えておきたい。第一に、ここでのフィジカル・プランは、都市化を背景とした急激な人口増加という、困難ではあるが、予測可能な事態の中で成立していることを忘れてはなるまい。予測できないものは、そもそも計画的思考の範疇にはなく、予測可能性の範囲を広げることが技術的課題であった。また、それは必然的事象への対応を求めているのであって、必然的事象自体を良いとか悪いとかいうものではない。このような点で実証的であるとともに価値中立的であり、科学的な姿勢が貫かれていたといえよう。また、ここで予測とは総合的なものである。個々の推計は断片的なものであり、様々な方向からの推計が焦点を結び、トータルな都市の変化、生活の変化を描き出すところ、ならびにその変化に応える最適の物的環境像を総合的・一体的に描き出すところに、その説得力の源泉があったと考えられる。

第二に、山形市都市開発基本計画には、もう一つの側面があったことに気づく。それは最終的な計画書では、その描く将来像の近代的な姿に隠れてしまい、あまり明確にならなかったように思うが、地域の歴史、文化、農業といったものを、いかに守り育ててゆくのかという普遍的な課題が底流にあって、その部分で研究者たちは地元の人々と問題意識を共にしたのである。

つまり、この計画が将来予測などの技術的過程を通して得られた技術的合理性によって説得力を持っていたことはいうまでもないとしても、地元の総合企画審議会に集められた人々に対しては、歴史的・文化的課題の存在を確認した形になっており、都市化に伴って変容を余儀なくされつつあった中心市街地等の歴史的環境やこのまちの都市の文化、あるいは近郊の農業などへの対処は、次の課題として残された。

また第三に、山形市都市開発基本計画に添えられた市街地開発基本計画図（図2・1）には、中心部にはアクセス道路や空中歩廊の提案が、少し離れると路地を結ぶ歩行者路が、そして市街地の周囲には緑地のネットワークの提案が描きこまれていた。こうした、まだ受け止めるべき手段が制度的に用意されていないものに対して、学生たちがとった物的ビジョンの具体的提示は率直な対応と思われるが、もっともそれで課題が解けるわけではないことも明らかである。地区スケールでの検討が必要であり、計画の詳細化も次の段階のマスタープランないし都市計画の課題として残されたのである。[*16]

2章　註

＊1　富山県射水地域では一九六一年度に日本都市計画学会が関わり、広域のマスタープランづくりが行われている。またその後、その計画に関わった若手グループを中心に、富山市都市開発基本計画（一九六六）に取り組むことになる。このいきさつは以下に詳しい。森村道美（1998）『マスタープランと地区環境整備―都市像の考え方とまちづくりの進め方』、学芸出版社

＊2　最終の計画書に記されたメンバーを紹介すると（敬称略、括弧内は当時の肩書）、計画策定には、高山英華（東京大学都市工学科教授）、伊藤滋（同・助教授）、水口俊典（同・大学院）、島淑子（同・研究生）、石田頼房（東京都立大学助教授）、森村道美（東京大学都市工学科・助手）、水野石根（同・研究員）、福沢宗道（足利工業大学助教授）、上野宏（東京都立大学助手）、内田雄造（東京大学建築学科大学院）、鈴木誠一郎（東京都立大学大学院）、編集構成に、宗形恒明、田島一夫（東京藝術大学大学院）、調査分析に、村上處直（東京大学都市工学科・研究員）、渡辺俊一（同・助手）、土井幸平（都市計画設計研究所）、庄田文夫、森戸哲、水島孝治、林洋太郎（東京大学都市工学科大学院）があたっている。なお、市の総合企画審議会（第2回審議会ならびに第2回合同専門部会）には、下河辺淳氏も顧問として臨席されていたことも記しておきたい。

＊3　極めて短期間で、集中的に作業がなされていたことがわかる。

＊4　＊1前掲書、p.62

＊5　山形市総合企画審議会『山形市第二次総合計画策定に関する第一回山形市総合企画審議会記録』（一九六七年六月二八日）

＊6　都市問題部会、社会経済部会、農村問題部会、広域圏部会が設けられた。第一回は、八月三日から四日にかけて個々に会議が開かれているが、次回からは合同部会として開催された。

＊7　山形市総合企画審議会『山形市総合企画審議会・第2回専門部会（合同部会）記録』（一九六七年一〇月三〇日）p.27

＊8　＊7前掲書 p.29

＊9　＊7前掲書 p.31

＊10　＊7前掲書 p.35

＊11　山形市総合企画審議会『山形市総合企画審議会第2回審議会記録』（一九六七年一〇月三〇日）p.6

＊12　山形市総合企画審議会『第3回専門部会（合同部会）記録』（一九六七年一一月一日）

＊13　東京大学工学部都市工学研究所（1967・6）『山形市都市開発基本計画書　中間報告1』、p.52

＊14　東京大学都市工学研究所編（1968・9・28）『山形市都市開発基本計画』、山形市発行

＊15　山形市の線引きは、昭和四五年三月三〇日。旧法の下での用途地域指定が昭和四五年一二月二五日、新法の下での最初の用途地域指定が昭和四七年七月一日。

＊16　詳細化というよりも、本書13章の議論を経た後は、マスタープランの表記の問題だと思われる。

3章　市町村マスタープランへの期待

市町村マスタープラン制度成立の時代背景

マスタープラン制度がわが国にできたのは、平成四年（一九九二）のことでさほど古い話ではない。都市計画法（新法）ができてからすでに二四年が経っており、このマスタープラン制度に期待された役割については、改めてその時代背景に照らして考えておく必要があろう。

とりわけ、この法改正で新たにできた市町村マスタープランは、市町村自らが自らのまちを計画する画期的な一歩となり、多くの期待が寄せられた。稲本洋之助氏は一九九四年の論文で、その新たに期待される役割として、①様々な都市計画事業の地域配分とそのプライオリティに関するマスタープラン、②都市の成長管理のクライテリアとしてのマスタープラン、③住民参加の場ないしマテリアルとしてのマスタープランという三つを挙げている。[*1] ①はどのような市街地を、いつ、どのようにして、形成してゆくのかというレイアウトとプログラムの問題だと思われるので、マスタープランとして意識されやすい役割であるが、②、③については、時代背景を知る必要がある。

話は都市計画法（新法）ができた昭和四三年（一九六八）まで遡る。新法の目玉の一つは、「線引き」と呼ばれる市街化区域・市街化調整区域の区分であった。市街化区域とは、「すでに市街地を形成している区域及びおおむね十年以内に優先的かつ計画的に市街化を図るべき区域」（法第七条）であり、さらに細かな規定に基づいて、[*2] 各市町村で定められたのであるが、蓋をあけてみると昭和五〇年当時の人口集中地区（ＤＩＤ）の約一・八倍の面積が市街化区域となっていた。[*3] この面積は、規定に従ったものであるから妥当性を云々するようなものではなかろうが、大都市近郊など急速な都市化の波が押し寄せている自治体では、あまりに広い面積となってしまい、計画的な市街地形成が追いつかず、市街化区域内であってもスプロールの発生が心配される状況となったのである。

実は、都市計画法（新法）が定められる以前、昭和四〇年頃からすでに、急速に広がる宅地開発に対して対応を迫られたいくつかの自治体では宅地開発指導要綱を定めて、開発事業者に対し都市施設整備等の負担を求めるようになっていた。都市計画法（新法）が定められてから後もその数は増加を続け、昭和五八年（一九八三）の実態調査では自治体総数のおよそ三分の一にあたる一、〇〇三の自治体で施行されるに至っていたという。[*4] このような動向に対し、建設省は一九八二年、八三年の通達などで宅地開発指導要綱に基づく行政指導の行き過ぎの是正を図るよう要請を行うようになった。[*5]

2章で紹介した山形市の場合、昭和四五年に設定した市街化区域三、〇四八haには、既成市街地が約四二%含まれていたものの、その後、四四%のエリアで土地区画整理事業が行われた。また、それから今日に至るまでに、さらに一、〇四五haを市街化区域に追加し拡大してきたが、工業団地等を除くと、そのほとんどが土地区画整理事業によって形成されており、[*6] 計画的市街地形成に成功したといえよう。それは地方にあって都市化圧力が高すぎず、計画的な対応がなされるのを待って市街化を進めることができたためである。

大都市圏郊外のように非常に高い都市化圧力を受けたところでは、線引きだけでは事足らず、頼りにしていた宅地開発指導要綱についても是正要求を受けるような状況では、広く取られた市街化区域内に対しても何らかの対応をとる必要があり、きめ細かく方針を定められるマスタープランが、成長管理の拠り所（クライテリア）として期待されたものと思われる。

バブルの原因と対応

一方、市町村マスタープランが制定された平成四年（一九九二）はすでにバブルがはじけていたが、この制度が生まれる直接的な契機は、不動産バブルにあった。当時、東京のまち中に住んでいた私の身のまわりでも地上げが横行し、それまで木造二階建ての建物が大半を占める密集市街地であったところでも、幹線道路に沿った街区の皮部分を中心に高層マンションが次々と建ち上がっていった。風景も変われば、居住者層も変わり、まちの雰囲気がみるみる変わっていった。ジェントリフィケーションの進行であるが、土地に対する投機は、土地利用を混乱させ、限られた人しか都市に住めなくなる状況をつくりつつあったのである。

東京都心での異常な地価上昇が始まったのは昭和六〇年頃（一九八〇年代半ば）である。[*7] 東京圏の商業地地価の対前年上昇率は、一九八六年には一二・五％、八七年に四八・二％、八八年に六一・一％となっている。これがピークとなるが、余波はその後、周辺や地方に波及していった。[*8]

国が対策に動き始めたのが遅かったわけではない。一九八六年の一二月には地価対策関係閣僚会議が持たれている。[*9] 一九八七年の七月には、臨時行政改革審議会に土地対策検討委員会が設置され、その答申を受けて、緊急土地対策要綱（一〇月一六日）、総合土地対策要綱（一九八八年六月二八日）が、閣議決定された。[*10] この段階で土地についての基本的な考え方、すなわち、①土地の所有には利用の責務が伴うこと、②土地の利用にあたっては公共の福祉が優先すること、③土地の利用は計画的に行わなければならないこと、④開発利益はその一部を社会に還元し、社会的公平を確保すべきこと、⑤土地の利用と受益に応じて社会的な負担は公平に負うべきものであること、が出そろっていた。また、この段階で、土地利用計画に対しても、①土地利用・都市施設整備における都市計画等の広域性の確保、②都市計画の詳細性の確保、③土地利用計画の実効性を確保する方策の充実等といった方針が示されたが、その内容を見る限り、具体の計画の運用面での改善ですむと見ていたふしがある。[*11]

土地利用計画制度自体の不備に目が向けられるのは、その年の一〇月に国土庁長官の私的諮問機関として設けられた「土地基本法に関する懇談会」がまとめた『土地基本法の考え方について』（一二月二三日）によると見られる。[*12] ここで、「土地は投機的取引の対象とされるべきではない」という考えが追加されるとともに、土地利用計画に関しては、「土地の利用を計画的に行うために、土地の利用に関する計画の充実を図るべきである」と指摘されるのである。

そして、土地基本法（一九八九年一二月二二日）が成立する。ここで「土地については、公共の福祉を優先させるものとする」（第二条）という重要な一文が入ることになる。そもそも日本国憲法では、「財産権は、これを侵してはならない」（第二十九条）、「財産権の内容は、公共の福祉に適合するやうに、法律でこれを定める」（同第二項）となっており、財産権と公共の福祉のバランスがとられている。この憲法の規定する範囲内での優先とはいえ、その重心を移す一歩踏み込んだ表現になっているのである。もっとも、これは、藤原良一氏によると、国土利用計画法（昭和四九年）の第二条（基本理念）

が、「国土の利用は、……公共の福祉を優先させ、……」とすでにあったので、基本法がその理念をも包摂すべきことからこのような表現になったのだという。[*13]

土地基本法では、第十一条に土地利用計画の策定が義務づけられる。すなわち「国及び地方公共団体は、適正かつ合理的な土地利用を図るため、人口及び産業の将来の見通し、土地利用の動向その他の自然的、社会的、経済的及び文化的諸条件を勘案し、必要な土地利用に関する計画（以下「土地利用計画」という。）を策定するものとする」（第十一条）とある。またその第二項には、「前項の場合において、国及び地方公共団体は、地域の特性を考慮して良好な環境に配慮した土地の高度利用、土地利用の適正な転換又は良好な環境の形成若しくは保全を図るため特に必要があると認めるときは土地利用計画を詳細に策定するものとし、地域における社会経済活動の広域的な展開を考慮して特に必要があると認めるときは土地利用計画を広域の見地に配慮して策定するものとする」と、その必要に応じた詳細化、広域化を求めている。そして第三項では、「第一項の場合において、国及び地方公共団体は、住民その他の関係者の意見を反映させるものとする」とした。

この基本法は、都市計画に反映されることになる。都市計画中央審議会は、一九九一年一月二三日に諮問を受け、検討を行い、一九九一年一二月二〇日に「経済社会の変化を踏まえた都市計画制度のあり方についての答申」（第二〇号答申）を行う。[*14]

ここではまず、この度の地価高騰の原因を、第一には「金融緩和下における土地への投機の集中と投機的土地取引」に原因を求めながら、その背景には、「資産としての土地の有利性を許した税制」と「土地の適正な利用を的確に促進する上で、制度が十分に機能し得なかったこと」を挙げ、反省を述べている。そして先に成立した土地基本法を受けて、「土地についての公共の福祉優先」や「土地の計画的な利用及び計画に従った利用」等の法の基本理念を踏まえ、都市計画制度の整備・充実を図る必要があるとした。

しかし答申が述べるように、「大都市地域において地価負担力の高い商業・業務系土地利用が住居系土地利用を圧迫しており、居住人口の流出による都心部の空洞化が加速」された一方で、「大都市等の既成市街地においては、土地の有効・高度利用が強く要請されているにもかかわらず低利用の地域が存在」するという状況があった。つまり、住民ニーズが多様化しており、それを個別具体の都市計画に反映させていくためには、都市づくりの目標として体系化した上で、望ましい都市像を明らかにする必要があるとして、整備、開発及び保全の方針の充実と市町村による都市計画のマスタープランの創設を提言しているのである。マスタープランが住民参加の場ないし実際的な手立て（マテリアル）となるよう期待が寄せられた所以である。

市町村マスタープランに寄せられた期待

バブルの方は幸いにして、土地関連融資の総量規制（一九九〇年三月二七日大蔵省銀行局長通達）や土地税制の抜本改正（一九九一年度）などの効あって、あっという間にはじけてしまった。[*15] 市町村マスタープランをはじめとした土地利用計画制度の方は、もともとそのような即効性が期待されるようなものではなかっただろうが、それにしても、それが制定された時にはすでにバブルもなければ、大都市への人口集中圧力も低下していた。

むしろ人口減少期が目前に迫っていたのである。都市計画中央審議会の第二〇号答申も、今後の経済社会の変化として、国際化の進展に伴う大都市への資本流入、生産施設の海外移転と跡地の土地利用転換、総人口の減少と高齢化の加速、余暇時間の増大とライフスタイルの変化、情報化の進展とそれに依存した業務機能の分散などを挙げている。こうした状況の中で「都市の多面的な発展に対応して住民が多様な選択をし得る魅力ある都市づくりを行うとともに、都市生活の中でゆとりと豊かさを真に実感できるような都市空間を形成するための都市計画制度の構築」をねらいとしているのである。[*14] これらがバブルはじけた後の都市づくりの目標となった。

成果はその後の運用次第だとしても、また、生み出された経緯がいかなるものであったとしても、市町村マスタープラン制度の確立は、ともかく喜ばしいことである。欧米の近代都市計画が備えている二層構造をわが国都市計画も持つこととなったわけであるし、都市計画の重要な権限が市町村にようやく降りてきたのである。しかも市民参加に新たな手立てが加わった。

本章の冒頭で紹介した稲本氏の他にも著名な都市計画家ないし都市計画研究者が、この後の時代を見据えて、この市町村マスタープランに対する期待を述べている。[*16] たとえば、小林重敬《しげのり》氏は、[*17] 都市化社会から都市型社会へという時代の変化を踏まえ、これからは、「すでにでき上がっている市街地をどうつくり変えるか」へ、市街地の再編に重点が移るとし、権利者が相談しながらまちをつくってゆくことの重要性からマスタープランへの期待を示している。村上純一氏[*18]は、最低限の規制や施設整備を行ってきたこれまでの都市計画に対し、これからは、「そこに住む誇り、豊かさ、ゆとり」など、求められる価値が高度化することから、住民のコンセンサスが重要になると見ている。また、吉田拓生氏は、[19]都市計画自体が、「産業優先から生活重視へ」「マクロからミクロへ」「フローからストックへ」「ハードからソフトへ」と重点を移す中で、「計画をどうつくり、どう進めてゆくかというプロセス」が重要になり、しかも「地域の住民・企業・自治体が一体となって、まちづくりを進めてゆく」ことになろうと見た上で、自治体の権限強化となったこの度のマスタープランを評価するのである。

既成市街地の扱いは都市化時代に描かれた物的計画型のマスタープランの積み残した課題でもあった。一方、量から質へ、特にアメニティの向上は、安定成長期の新たに意識された課題であった。そして、これら、複雑に利害が絡み合ったり、多様な価値観に関わる課題に取り組むために、住民参加をベースとした計画プロセスが要求されることになるのである。バブルの副産物のようにして生み出された市町村マスタープランであったが、すでに時代は転換期にさしかかっており、こうした新たな課題への取組みが始まった。

3章　註

＊1　稲本洋之助（1994）「都市計画制度の再構築―都市計画法改正の意義と新たな課題」法律時報 vol.66, no.3, pp.32-38。うち p.33

＊2　市街化区域の定義は、さらに都市計画法施行令や通達などを通じて細かく規定されている。詳細は、大塩洋一郎編著（1981）『日本の都市計画法』pp.272-275、参照のこと。ここで、「すでに市街地を形成している区域」とは、「相当の人口及び人口密度を有する市街地その他の既成市街地として建設省令（当時）で定めるもの並びにこれに接続して現に市街化しつつある土地の区域とする」（都市計画法施行令第八条）とあり、ＤＩＤとその周辺で、過去三年間に宅地化等の

＊3　実勢があっておおむね一〇年以内に既成市街地になると考えられる区域であるという。また、「おおむね十年以内に優先的かつ計画的に市街化を図るべき区域」については、建設省都市局長通達「市街化区域及び市街化調整区域に関する都市計画の見直しの方針について」（昭和五五年九月一六日）を見るようにとある。また災害の発生のおそれのある土地の区域や、すぐれた自然の風景を維持したり都市の環境を保持する等のために保全すべき土地の区域は、市街化区域には含まないものとするという都市計画法施行令第八条第二号の規定がある。

＊4　＊2前掲書、p.277。一九七八年度末の市街化区域面積と一九七五年国勢調査によるＤＩＤ面積の比である。

＊5　五十嵐敬喜・小川明雄（１９９３）『都市計画―利権の構図を超えて』、岩波書店、p.158

＊6　＊4前掲書 pp.159-177。五十嵐は「要綱退治」と表現し、建設省計画局長通達（昭和五七年七月一六日）「開発許可に関する事務等の迅速な処理について」、建設省計画局長通達（昭和五七年一〇月二七日）「宅地開発指導要綱等の運用について」、建設事務次官通達（昭和五八年八月二日）「宅地開発指導要綱等に関する措置方針について」など五つの要綱があったことを記している。

＊7　山形市都市開発基本計画・中間報告Ⅰのデータならびに「山形市の都市計画・資料編」山形市都市開発部都市計画課による。

＊8　藤原良一（２０１５）「回想　バブル期の土地対策と国土利用計画法及び土地基本法」土地総合研究、pp.13-23

＊9　たとえば大阪圏の地価上昇率は平成二年（一九九〇）がピークとなっている。＊7前掲書、p.17

＊10　＊7前掲書、p.15

＊11　一般財団法人不動産適正取引推進機構ＲＥＴＩＯのホームページ（http://www2.retio.or.jp/30th/）から総合土地対策要綱（昭和六三年六月二八日）の「土地利用計画の広域性・詳細性の確保等」の項でふれられているのは、大都市圏整備計画のマスタープランとしての機能充実、都市計画の広域調整、特別用途地域、地区計画、高度利用地区、市街地再開発促進区域、都市計画制度と建築確認・許可制度との連携といった既存制度の強化や運用の改善である。＊10ホームページより緊急土地対策要綱ならびに総合土地対策要綱を参照。

＊12　＊10ホームページより「土地基本法の考え方について」

＊13　＊7前掲書、p.22

＊14　財団法人都市計画協会（２００２）『都市計画中央審議会答申集』答申第二〇号、pp.374-387

＊15　稲本洋之助氏は「報告　都市計画法の改正について」法律時報 vol.66, no.3, pp.68-72 の中で、これらに加えて国土利用計

画法による土地取引規制の強化を一定の効果があり国民にもアピールしたものとしている。＊7藤原良一氏は、金融の総量規制が土地バブル崩壊の契機となったと記す。

＊16　シンポジウム（1994）「21世紀にむけて地域と市民のための都市計画」法律時報 vol.66, no.3, pp.68-88

＊17　当時、横浜国立大学工学部教授

＊18　当時、建設省都市局都市計画課土地利用調整官

＊19　当時、財団法人日本開発構想研究所常務理事

4章　合意依拠型のマスタープラン

市町村マスタープランの今日的状況

市町村マスタープランの制度ができてからすでに二四年が経った。期待されたものは実現されたのであろうか。ただし、この制度が施行された時にはもうバブルははじけており、それからしばらくの期間、多くの都市は安定成長期を迎えた。[*1] 東京圏への人口流入が抑制され、地方圏に人口が戻ったこともあって、各々の都市には、人口減少に向かうまでしばらくの猶予期間が生じたのである。しかし、このような状況の下で、都市計画への期待自体、すでに都市化時代のそれとも、バブル混乱時のそれとも、異なるものになっていたと見られる。

結論から述べると、今日も含め、この時期のマスタープランは、技術的な合理性を示すことができず、十分な説得力を持てないものになったと思われる。それは1章で紹介したX市の例が示しているが、しっかりまとまっていると見える他の都市の市町村マスタープラン計画書でも同様であり、基本的には、都市計画の課題・目標・実現方法自体が物的計画型のマスタープランとは異なる要求下にあるからだと考えられる。

技術的合理性に欠ける今日のマスタープランを、代わりに支えているのは、関係諸主体の合意である。1章の事例もそうだが、マスタープランの策定にあたって、多くの合意を取りつけることが、

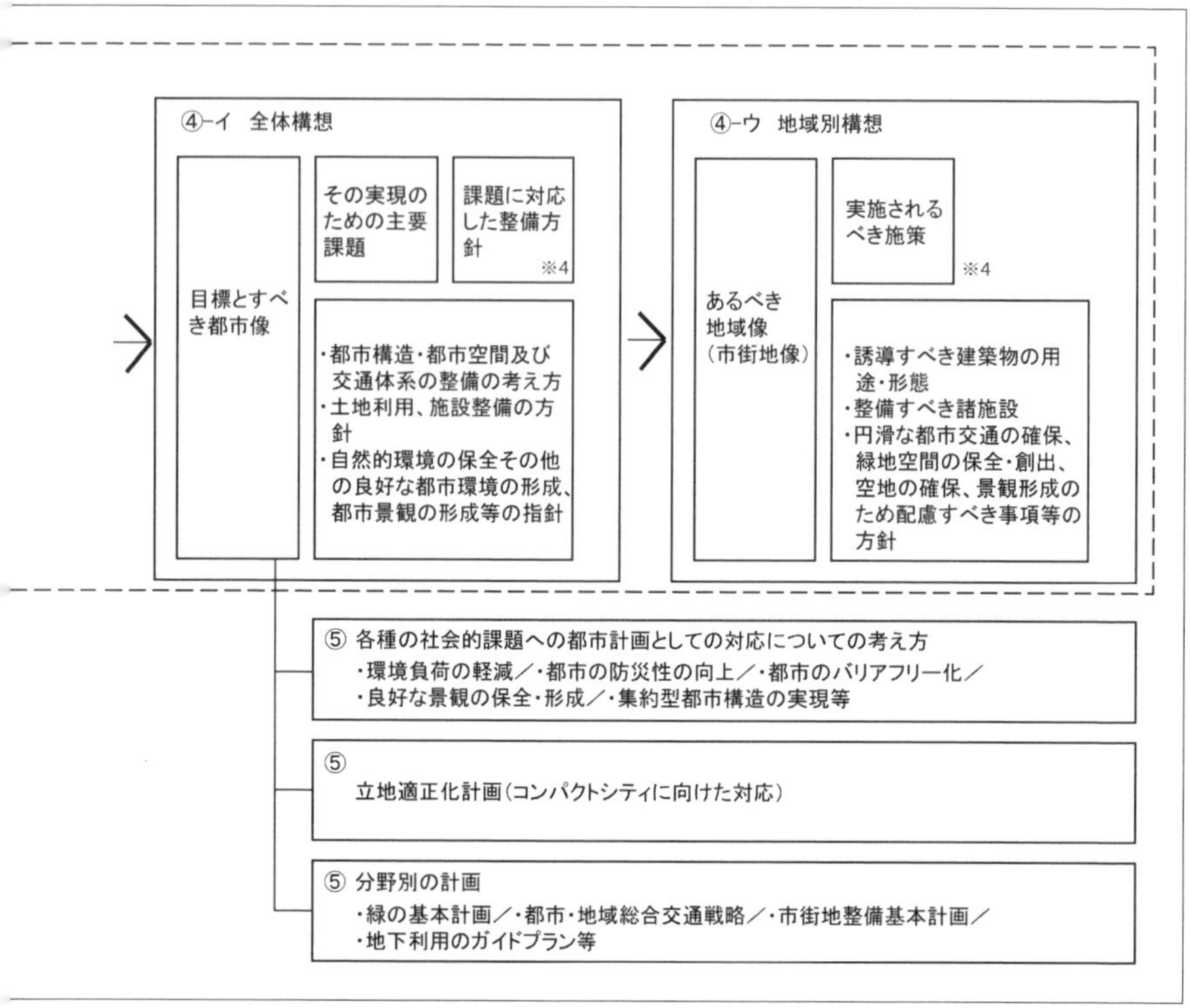

（「都市計画運用指針」第八版の解釈から）

必要となっている。しかし、そうしたからといって、技術的合理性が欠けている以上は、皆が納得できる内容になるわけではない。このような状況から、今日のマスタープランを合意依拠型マスタープランと呼ぼうと思う。

　市町村マスタープランの具体的な内容は、制度創設当初は、建設省都市局長通達「市町村の都市計画に関する基本的な方針について」（平成五年六月二五日）によって、現在は『都市計画運用指針』によって方向づけられている。その内容を、私なりの解釈で図にしたのが図4・1である。特に様々に読める部分は図中に註として書き添え

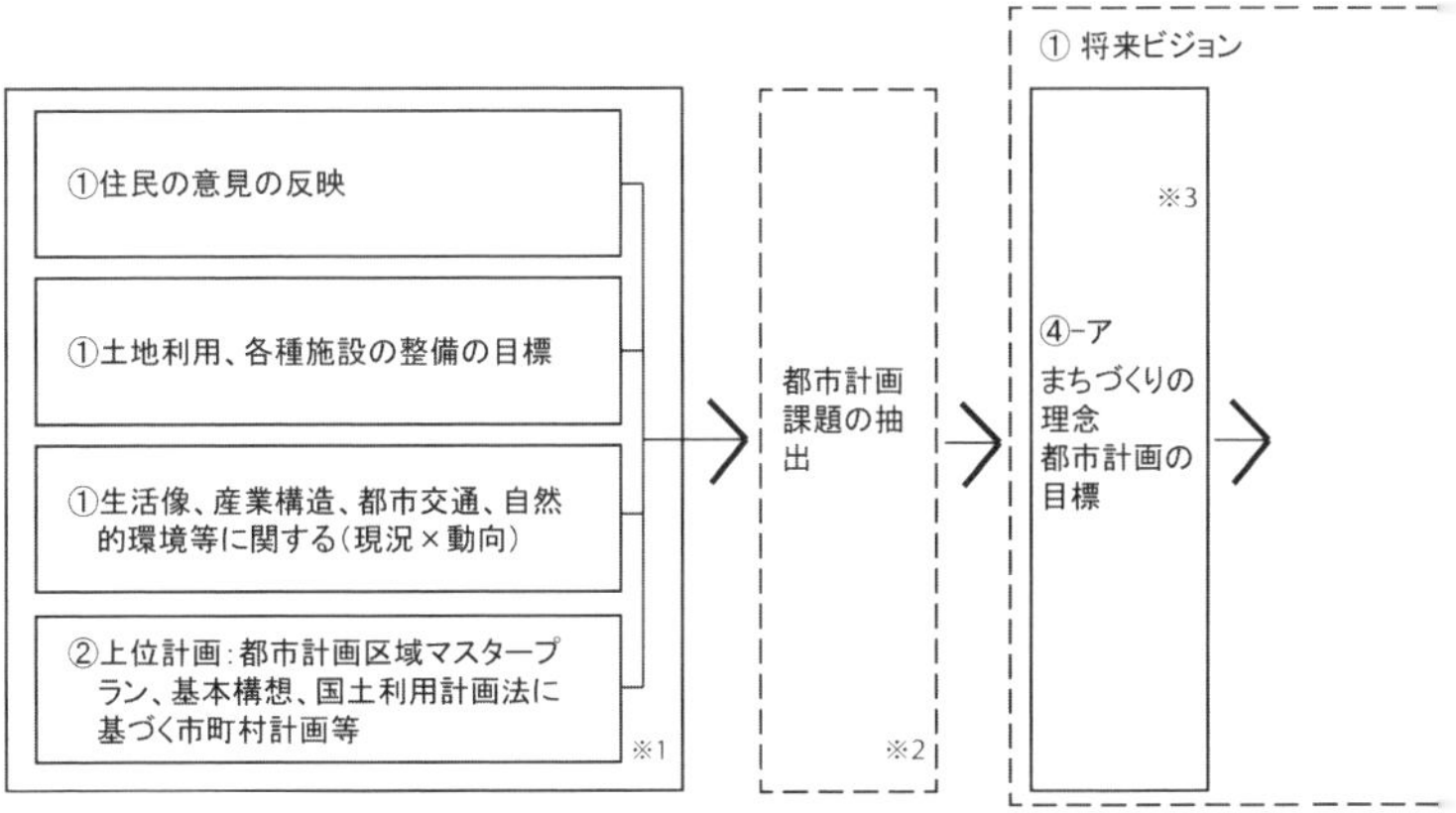

※1　これら上位計画は、市町村マスタープランが即すべきもので、全体で受け止めるべきものであろうが、作業上、都市計画課題の前提条件として受け止めるのが好都合なのでここに置いた。
※2　通達ないし都市計画運用指針には「都市計画課題」という言葉はないが、諸要求を集約し、評価する過程が作業上必要となるのでここに置いた。
※3　都市計画運用指針等では、マスタープランを「将来ビジョン」を「確立し」あるいは「明確化」するものとしているので、ここに置いた。
※4　都市像、地域像に対し、ともに整備方針を定め、諸施設の計画等をきめ細かく総合的に定めることが求められているとも読めるが、④の表現のままここには記した。

図4.1　市町村マスタープランの内容構成

た。図中の①から⑤は『都市計画運用指針』（第八版）[2]の基本的考え方に記されたフレーズである。これらガイドラインが方向づけている内容は、この時期のマスタープランを理解する出発点であろう。

市町村マスタープランがとる合理的アプローチ

　これらガイドラインは、市町村マスタープランを、「将来ビジョン」を描き出すものとしている。[3] そして、そのために、①住民の意見を反映すること、②土地利用、各種施設の整備の目標を勘案すること、③都市の現況及び動向を勘案すること、④

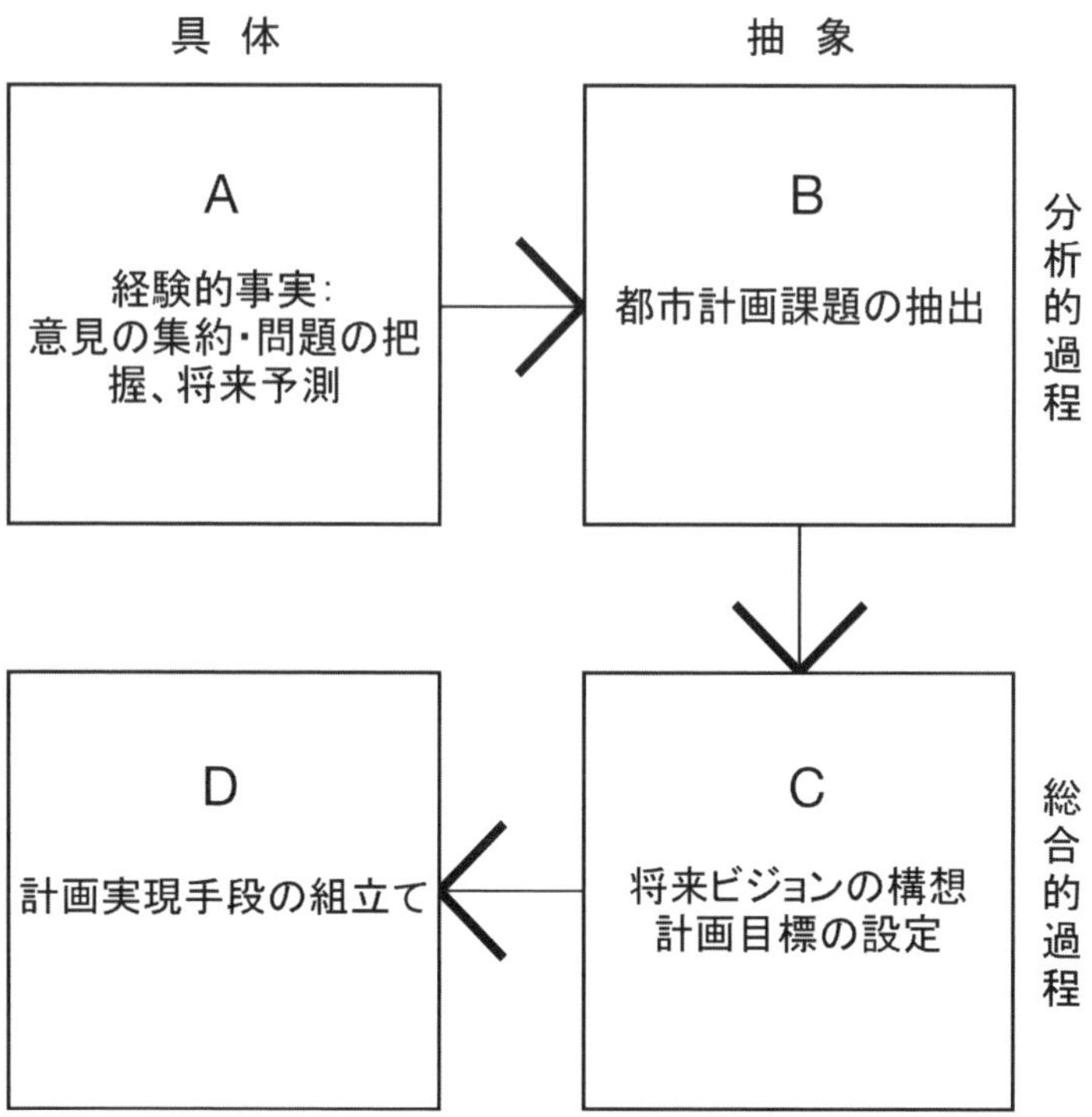

図4.2　市町村マスタープランの論理構造

上位計画に即すことなどを求めている。

一方、明確化された将来ビジョンによって、地区別のあるべき市街地像が示され、地域別の整備方針や諸施設の計画等が定められる。それらは、具体的には、①まちづくりの理念や都市計画の目標、②全体構想、③地域別構想などとして示されることが想定されている。

このようなマスタープランの内容は、策定プロセスに置き換えてみると、そこに「計画課題」という概念を付け加える必要があるが、図4・2のように理解され、その論理的な組立てが明確になる。すなわち、計画の立案ないし見直しにつながる様々な経験的な事実を集め（A）、そこから計画課題を抽出し（B）、それを解く将来ビジョンを構想し（C）、そしてその実現のために計画実現手段を組み立てる（D）という、目的と手段が対応した合理的なアプローチとなっているのである。

このプロセスはまた、具体的なものを抽象化し、そこで計画的な展開を行い、また具体的なものに戻すという手順になっている。前段の過程は分析的であり、後段の過程は総合的である（図4・2）。両者をつなぐ（B）から（C）に至る過程は、抽出された課題群からそれらを解く総合的な将来ビジョンを描き出す過程であり、重要である。そこにはアブダクション（仮説的推論）の働きも求められよう。すなわち、どのような将来ビジョンが計画課題に応えるかは描かれるまではわからないが、描かれてみればそれが都市計画課題に応えていることがわかるといったものであり、そこには発想の飛躍が求められるはずである。[*4]

この合理的なプロセスでどうして十分な説得力が得られないのであろうか。あるいはどこに難しさがあるのだろうか。実際につくられたマスタープラン事例から確かめてみたい。

サンプリング調査

全国の市町村マスタープランの計画書は、ほぼ全部ネット上に公開されているので、そこからいくつか取り出して見てみると良い。[*5] ここでは二五事例（三・三％）を、無作為に抽出してみた。二五という数は少なく、[*6] 統計的には母集団の特徴について何かを断言できるほどのものではないが、何らかの傾向を読み取ることはできる。

もっとも、それぞれが大部の計画書になっており、読むのも大変である。つまりたいがいは、結構な量の情報を集約しながらよくまとめており、行政の担当者や都市計画コンサルタントの苦労が偲ばれる。逆に、マスタープランというアプローチ自体の問題点をそこに読み取ろうという目論見の方が挫《くじ》けてしまいそうだ。

抽出されたサンプルの発表年を表4・1に示した。二〇〇七年から一五年の九か年にわ

表 4.1 サンプルの分布（発表年）

発表年	件数	備考
2007年	1	
2008年	8	平成の大合併が2005-06にピーク
2009年	3	
2010年	0	
2011年	4	
2012年	3	
2013年	0	
2014年	2	都市再生特別措置法改正（立地適正化計画の導入）:2014年8月施行
2015年	4	
合　計	25	

表 4.2 サンプル都市の人口規模・人口増減率・昼夜間人口比

		目標の記載なし	目標とする（予想する）将来人口（年間の増減率に直した値）				
			-0.8%以上減少	-0.8 ～ 0%	0 ～ 0.4%	0.4%～1.0%	1.0%以上増加
現在人口規模	20万人以上				B 112.8	A 112.8	
	10～20万人	X 93.1		P☒ 96.6	J 101.2 K 89.3	F 102.4	C 86.7
	5～10万人	Y 112.7	U☒ 98.2 V☒ 90.1		L 92.4 M 106.6 N 86.4 O 87.3	G☒ 94.7 H 105.5	D 103.6
	3～5万人			Q☒ 95.2		I 101.0	
	3万人以下		W 104.0	R 92.7 S 104.2 T 77.4			E 76.2

市町名はA～Yとしている。☒は合併を受けて作成されたマスタープラン。表中の数字は昼夜間人口比。100以上であれば、通勤・通学により昼間人口の方が多い。

たっている。二〇〇八年が多いのは二〇〇五、六年にピークを迎えた平成大合併の影響を受けたものと見られる。二〇一三年に少なく一五年に多くなるのは、都市再生特別措置法の改正により立地適正化計画がマスタープランに加えられたので、その施行を待って計画策定を行ったためと見られる。

それぞれの都市（市・町）の人口規模と、計画が掲げる目標人口までの人口増減率、ならびに昼夜間人口比を示したのが表4・2である。日本の都市のバリエーションを反映しており、ここでのサンプリングが適切に行われていることを示す以上のものではない。

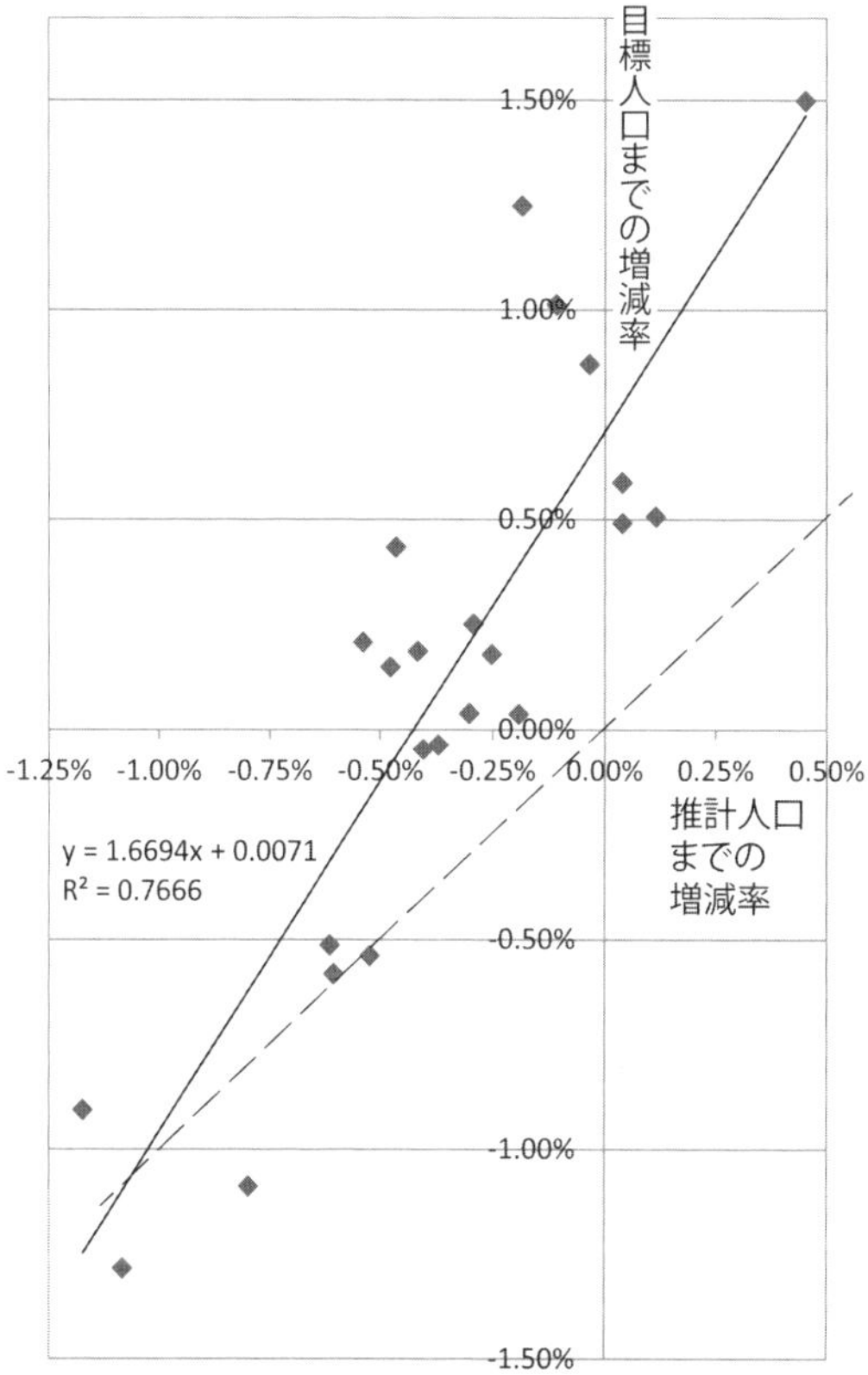

図4.3　サンプル都市の人口目標と人口予測のずれ
（年平均の増減率に直して比較している）*5

目標人口の見積もり

最近の傾向で心配されるのは、将来人口の減少が予測されているにもかかわらず、計画では高い目標人口を掲げようとする傾向である。努力目標だから構わないと思われるのかもしれないが、仮に、その計画を信用する人がありそれに基づいて事業計画を立てるなどしていたら大変である。つまり、努力目標だからといっても、信用のない数字を掲げることは、そのこと自体がその計画の信用を損ねることになるということに気づかなければならない。加えて、その計画の内容が、その目標人口の実現に向けたものになっていないことを白状しているようなものでもある。

抽出した二五事例の目標人口と国立社会保障・人口問題研究所が発表している予測人口[*7]とを比べたのが図4・3である。結果は、さほど人きくはぶれていないことがわかり安心する。全体に若干プラス方向に傾いていることと、人口減少が予測されているにもかかわらず、人口の増加ないし維持を前提に計画を立てている市町が結構（一〇例）あることがわかる。

表4.3　計画課題の整理の仕方と基本方針の示し方の類型

①計画課題の整理の仕方（類型）

課題整理なし	分析作業の有無にかかわらず、課題をまとめていないもの
担当枠で整理	担当の課・係ごとに課題を整理したもの
作業集約的	アンケートや統計的分析作業、ワークショップなどで出された課題を情報集約したもの
計画概念等で整理	課題を、計画課題として表現したもの。担当係ごとのまとめと異なり、総合的なものや土地に即した具体的な指摘があるもの
環境性能の課題	計画のテーマとなる環境性能ごとに分析し、課題をまとめたもの

②基本方針の示し方（類型）

担当別	方針を担当課・係ごとに整理したもの
常套的	言葉は一般的であるが、「賑わい」「環境にやさしい」「災害に強い」といった、常套的なもの。担当別に近い。
計画的	それぞれの課題に、どのようにといった具体的な状態がわかるように表現したもの
展開的	総合的な目標に対して、方策を具体的かつ多岐にわたる展開として示したもの

分析して計画課題がわかるか？

マスタープランの難しさは、図4・2でいえば、（A）から（B）、（B）から（C）、（C）から（D）、それぞれにある。

表 4.4　分析作業の有無・計画課題と基本方針の示し方

①分析作業の有無と計画課題の整理の仕方

	課題整理なし	担当枠で整理	作業集約的	計画概念等で整理	環境性能の課題	計
分析作業なし	2	5	0	3	0	10
分析作業あり	1	5	3	5	1	15
計	3	10	3	8	1	25

②分析作業の有無と基本方針の示し方

	担当別	常套的	計画的	展開的	計
分析作業なし	2	5	1	2	10
分析作業あり	5	3	3	4	15
計	7	8	4	6	25

③計画課題の整理の仕方と基本方針の示し方

	担当別	常套的	計画的	展開的	計
課題整理なし	0	2	0	1	3
担当枠で整理	2	5	2	1	10
作業集約的	1	1	1	0	3
計画概念等で整理	4	0	1	3	8
環境性能の課題	0	0	0	1	1
計	7	8	4	6	25

都市計画の分析作業というのは、不思議なもので、しなければその町のことがわからないが、したからといってわかるわけでもない。つまり、対象を理解するためには調査・分析という方法しかないが、知れば知るほど課題は多くなるし、新たな疑問も湧いてくる。しかもそこで得た知見が計画に結びつくとは限らない。先ほど述べたように、分析から計画には帰納的に到達するものではない。

計画課題をどうまとめるかについては、いくつかのタイプがあり（表4・3、4・4）、「作業集約的」と分類したが、分析結果を丁寧にまとめているものはサンプル中三例に限られる。手慣れた都市計画コンサルタントはマスタープランの「計画概念等で整理」して分析結果としている（八例）が、これでは結果ありきの分析となりかねない。また、そうできるのであれば、手間のかかる分析作業、すなわち都市の変化動向の分析、アンケートやワークショップを通じた市民意識の把握などは端折《はしょ》れるということにもなろう。

都市を分析し、将来予測を行い、計画課題を明確にするという作業は、物的計画型のマスタープラン（2章）ではその核心をなす重要な過程であったが、実際、一〇例（四〇％）は、そもそもそうした作業にページを割いていない。いきなり計画目標もしくは予めまとめられた課題群から計画書が始まっている。分析作業をマスタープランの策定に際して合わせて行い、適切に報告書に盛り込むことができれば、計画書としての説得力は高まることであろう（その点で参考になるのは表4・2T、Vの例である）。しかし、計画課題の抽出や基本方針の組立てに、分析作業の有無が影響を与えているかどうかという観点で表4・4を見る限り、あまり大きな差はなさそうである。[*8] 都市計画担当者等が、普段から考えていることを的確にまとめれば、そうした分析作業に代替できるということかもしれないし、マスタープランの策定に合わせて行う分析作業が、新たな計画的知見や創意を生み出すほどには深く切り込めていないということかもしれない。[*9]

なお、計画課題を抽出する段階から担当課・係別の「担当枠で整理」するものが一〇例と多いが、これらの多くは、基本方針も「担当別」もしくは「常套的」なものにとどまっており、マスタープランといいながら総合性に欠ける内容になっているものと考えられる。後述するが（12章）、これらは手段主義《メソディズム》（methodism）に陥っていることを意味するのではなかろうか。[*10]

広範化する課題と多様化する手段

マスタープランは、市民の声を反映させ、その様々な価値観を反映しようとしており、マスタープランの「広範化」と呼んでしかるべき変化が生じている。つまり土地利用やインフラの整備といった従来の都市計画が問題としてきた基本的な課題を超えて、『都市計画運用指針』が、「各種の社会的課題への都市計画としての対応」と記す環境負荷の軽減、都市の防災性の向上、都市のバリアフリー化、良好な景観の保全・形成等々の課題を意識するようになっている。

これに対し、従来の基本的な課題にのみ関心を持ち、以前に計画決定した具体の都市計画についてはその内容を見直すこともなく、未実施の事業を進めることが計画課題だというのであれば、あえてマスタープランの改訂を行う必要もなかったことであろう。表4・3、4・4で「担当的」「常套的」な基本方針の示し方をしているもの（一五例）は、それに近い状態と見られる。

しかし、計画決定から長期間経っても実現に至っていないのであれば、計画自体に無理があったか、状況が変わったかしているからであり、マスタープランがそういったものの見直しの場になっていないことにも問題があろう。無理なものをそのままにした上での計画的な言説では説得力も限られよう。

逆に、従来型の計画であっても、これまでの実績を踏まえつつ、これからの一〇年、二〇年に、どのような場所で、どのようなことを重点的に取り組もうとしているのか、何のためにそのようなことを考えるのか、具体的に説明することが説得力につながることであろう。ここで基本方針の示し方を

「計画的」と分類したものが、その条件を多少は満たしているが（表4・2のTが良い例であろう）、都市計画史的視点から評価する必要性も示唆していると考えられる。[*11]

市民の要求する様々な価値の実現には、具体の計画を一つ、二つ実施したからといって適うものではない。たとえば、景観の向上でも、活性化でも考えてみるとよい。何か事業を行って片づくようなものではない。一つの課題に対してとるべき具体策は多岐にわたることになる。しかも、その中でどの施策が効果的か、いや実現可能かすらも、計画時点ではわからず、ここでは基本方針の示し方を「展開的」と分類したが、可能性のある具体策や考えられる方向性をまずは列挙することとなっている（表4・2のF、K、Vなどが参考となろう）。これらはマネジメントの必要性を示唆している。

しかもそれら市民の要求は、必ずしも行政の手だけで実現できるものに限られておらず、市民自身を含め様々な主体の行動の変化にも期待が寄せられている。確かに、サンプルの多くは市民の協働をうたっているが、その多くは行政目的に対する市民等の協力を期待する段階にとどまっているように見受けられる。[*12] まちづくりが現実に動き出すようにすることが重要であり、目標とする将来像の描き方からしてより市民目線から考える必要があろう。

現行のマスタープランの中には、計画行政の停滞をうかがわせるものも多々あるが、数多くの工夫も盛り込まれているし、またすでに、新たな方向性をうかがわせる試みも芽生えている。

4章　註

＊1　経済的な安定成長期とは異なる。

＊2　国土交通省『都市計画運用指針』第八版

＊3　「その創意工夫の下に住民の意見を反映し、まちづくりの具体性ある将来ビジョンを確立し」、「土地利用、各種施設の整備の目標等に加え、生活像、産業構造、都市交通、自然的環境等に関する現況及び動向を勘案した将来ビジョンを明確化」するとしている。

＊4　実際には、そのような説得力を持ちかつ総合的なビジョンというものは、今日ありそうもない。合意依拠型のマスタープランとなっているのにはそれなりの理由がある。むしろ、そのような説得力や、アブダクションの輝きを都市計画にいかに取り戻すかを考えるのが本書の課題である。

＊5　二〇一三年度末現在で、七五八の市町村においてマスタープランがつくられており、その一覧が国土交通省のホームページに公開されている。http://www.mlit.go.jp/toshi/tosiko/toshiMPlinkpage.html#06

＊6　有限母集団の場合、七五八事例に対し、信頼水準六八％（λ＝一）とする時の必要サンプル数は二四・二となる。

＊7　国立社会保障・人口問題研究所二五年三月推計「日本の地域別将来推計人口―平成二二（二〇一〇）〜五二（二〇四〇）年」による。http://www.ipss.go.jp/pp-shicyoson/j/shicyoson13/6houkoku/houkoku.pdf

＊8　こうした基本方針のまとめ方を「展開的」としたものが六例あるが、このうち四例が分析を行っており、二例が行っていないので、その期待値とあまり差がなく、分析作業の有無が課題抽出の質を上げているとはいえない。

＊9　特定の性能の向上にテーマを絞り、詳細なデータ分析に基づいた方針の検討に進む事例もある（事例B）。立地適正化計画に影響されたものと思われるが、萌芽的であり、一つの可能性を示唆する。

＊10　メソディズムに陥ると、具体の都市計画を推進するということ自体が課題かつ手段となり、その本来の目的は不明確なままにおかれ、正当性は検証されない。

＊11　ここでは展開的と分類したが、A市の事例で、都市計画的な視点からの記述が多く見られた。

＊12　七二％が市民との協働を唱っている。他に、すでに具体的にまちづくり協議会を設けているところ一、協治（ガバナンス）という言葉を使っているところ一。

5章　中心市街地活性化に対応できない

中心市街地活性化という深刻な課題

中心市街地活性化は、バブルがはじけて以降、地方都市の都市計画において深刻なテーマとなった。転廃業を余儀なくされた商業者にとって深刻な問題であったことはもちろんのこと、活性化を課題として掲げながら、目の前の状況を改善できずにきたことは、マスタープランの、ひいては都市計画の信用を大きく損ねることになったと思われる。しかし、いったいどこに問題があったのだろうか。この難題に都市計画がどう向き合うべきなのか、ここ二十数年の変化と計画制度の対応を振り返り、また身近な地方都市（山形市）の状況を基に、考えてみたい。

都市が近代化し市街地を拡大させてゆく過程で、中心市街地をどのように扱ったら良いのか、あるいはその都市の文化をどう継承してゆくのかは、すでに2章で触れたように、大きな課題であった。しかし、その中小小売商業者や彼らがつくる商店街が本格的な危機を迎えるのは、大店法の保護が失われた一九九一年以降のことである。ここでは前者を広義の中心市街地活性化問題と捉え、後者の状況に対する対応を、狭義の中心市街地活性化問題と捉えることにする。

商店街の衰退は目に見えるのでわかりやすい問題であるが、その背後では諸要因が複雑に絡み合っている上、各種の商業者、地権者、消費者、納税者等々の主体の立場によって利害が異なりひと筋縄にはいかない問題である。

その上、この問題は、都市構造の変化、流通構造の変化、生活スタイルの変化といった構造的かつ歴史的変化の上に生じている。したがってこの変化は不可逆的であり、また不可避であったとも思われる。それゆえ、この課題に対する対処方法は、都市、流通、生活スタイル、少なくともこれら三者の変化の行き着く先をにらんだものでなければならないことは自明のように思われる。[*1]

しかし一般には、いずれかの側面については現状の固定をめざすかのような、あるいは悪くすると過去に戻ろうとするレトロスペクティブな議論が多くなされている。

また都市構造といっても、大都市圏と地方都市とでは状況が全く異なっており、その類型ごとの検討が必要であろうし、対応策といっても中心市街地の物的・機能的な状況に応じるので、二〇年前にとるべきだった対応策と、今日とるべき対応策とでも異なるはずである。そうした、議論が十分になされないままに、問題が顕在化するのに合わせて新制度がつくられ、一律かつ泥縄的に都市計画的対応策がとられてきたように思う。[*2]

都市の変化と中心市街地問題

中心市街地の商業機能の衰退は、確かに郊外化を契機としていた。山形市の市街地の広がりも、2章で見たように、一九六〇年代にはまだ歴史的な市街地のまわりに若干の拡大が見られた程度であったが、一九七〇年代から八〇年代にかけて急激な拡大を見せた。市街地の拡大は、住居機能にとどまらず、商業機能や業務機能の郊外化をひきおこした。山形市の場合、中心市街地の極めてシンボリックな位置にあった県庁が、郊外に移転したのが一九七五年のことである。

最寄品を扱う商店が、郊外の新たに形成された住宅地の近くに立地するのは当然のことであるが、それ以上に商業機能が分散立地するようになったのには、流通構造の変化が与っている。すなわち、総合スーパーや各種の専門スーパー、幹線道路沿いに集まるロードサイド・ショップ、そしてショッピング・モールといった新たな業態が生み出されてきたためである。それは、モータリゼーションの進展だけではなく、人々の働き方や時間の使い方など生活スタイルの変化に応じたものでもあった。

モータリゼーションが商業立地に及ぼした影響は、誘致圏（商圏）の拡大となって現れた。個々の店舗や商業集積の誘致圏が大きく拡大し、相互に重なりあうようになった。しかし、逆に足下の周辺地区からの吸引率は低下した。このことは、個々の店舗や商業集積にとっては常に競争にさらされていることを意味しているし、消費者にとっては選択肢が広がるとともに、その選択の主たる要因が距離だけではなくなることを意味している。だからこそ、店舗や商業集積の経営においては不断のマネジメントと情報発信が必要となっているのである。

競争は、中心市街地の商店対郊外店だけではなく、中心市街地対郊外のショッピング・モール、中心市街地対高次都市（山形市の場合仙台市）の中心市街地、さらには対ネットショップへと広がってきている。ネットショップには、価格、品揃えでは対抗できないが、逆にこのことは、買い物行動が持っている楽しみや精神的な満足感というものに焦点を当てる契機ともなろうし、中心市街地の機能をより創造的で文化的なものに変えてゆく可能性も示唆するのではなかろうか。

中心市街地を歴史的市街地として保存し整備を進めてきた都市は、当初はそのような意識はなかったかもしれないが、今日、結果から見ると、その文化的機能に着目し、誘致圏を全国スケールに広げることによって活力ある地区とする政策をとったに等しい状況となっている。一方、大都市圏の中心部には、商業機能を含めた高い開発ポテンシャルがあり、話題となる再開発・再整備エリアが出現し続けているが、そこでも文化的魅力が吸引力となっている。

以上、経緯を振り返ってみると、中心市街地の商業機能の活性化という課題に対して、①中心市街地に立地する商店が個々に、今以上に広域から人を集める吸引力あるものに成長しないか、②広域から人を集める意欲的な店舗が中心市街地に立地するよう誘導できないか、③中心市街地が持つ歴史的環境等を活かして文化的魅力をつくりだし、週末レクリエーションの場などとしての吸引力を高められないか、といった課題があったものと考えられる。

狭義の中心市街地活性化問題と都市計画

狭義の中心市街地活性化問題が明確になるのは一九九〇年代のことである。それまで中心市街地の商業を支えてきたのは百貨店とそのまわりの中小小売店がつくる商店街であり、後者は大店法（一九七三）[*3]によって保護されてきていた。[*4]しかし、日米構造協議（一九八九－一九九〇）が契機となり、当時の規制緩和の社会風潮もあって、大規模小売店の規制緩和に向かうことになる。結局、大規模小売店舗立地法（大店立地法）[*5]の成立（一九九八）をもって大店法は廃止となる。[*4]大店立地法は、大規模小売店舗の立地に際して周辺の生活環境を阻害しないよう配慮を求めるもので、商業調整という観点は持っていない。ただし、この時、都市計画法の改正ならびに中心市街地の活性化に関する法律（中心市街地活性化法）[*6]が成立し、「まちづくり三法」としての働きが期待された。

山形市でも、九〇年代の転換を機に郊外大型店の立地が進む。土地区画整理事業の保留地などを利用して、二〇〇〇年には南西部郊外、二〇〇七年には北西部郊外にそれぞれ大規模総合スーパーが立地し、それぞれその周辺に大規模専門スーパーを集めているので、両者合わせると当時の床面積で中心市街地に匹敵するほどの新たな商業集積が生まれたことになる。[*7]

中心市街地活性化法（一九九八）は、大店法廃止後の中小小売店に対する対応策であり、その競争力強化のための基盤づくりが目的だったと見られる。[*8]具体的には、商業振興サイドからの商業等の活性化のための事業と都市計画サイドからの市街地整備のための事業を、それぞれ持ち寄って、活性化基本計画をまとめた。行政の縦割りを超えて共通のテーマに取り組むという点で画期的という印象を持った記憶がある。

しかし、持ち寄られた事業の内容を見ると旧態依然としていて、たとえば、都市計画側からは、都市計画道路や公園の整備、土地区画整理事業といった、すでに計画決定されていたがまだ実現の機会には恵まれなかったものを持ち寄ったにすぎなかった。しかもそれらは実現に時間がかかれば、実現したからといってすぐに商店の売上げに効果を及ぼすようなものでもない。結局、中小小売業者に手を差し伸べられるような何か新しい事業制度が商業サイドとの連携の下に生まれたわけではなかった。

中心市街地活性化法は、ＴＭＯ（Town Management Organization）という新たなしくみを持ち込んだ。正式には中心市街地活性化法で「認定構想推進事業者」として規定されたものである。それは一見、画期的に思われた。商業活性化のように商業者自らがやる気を出し、能力を高める必要がある課題、あるいは最初から大目標に合意が得られるものではなく、細かな成果を上げながら徐々にある方向に合意を形成してゆく必要がある課題などについては、商業者が主体となって漸進主義的なまちづくりアプローチをとるべきことは不可欠と思われたからである。中心市街地においてＰＤＣＡサイクルを回し、地域のマネジメントを行う主体としてこのＴＭＯには期待したのである。

しかし、名前からして借り物であることがわかるこのしくみは、うまく機能しなかった。制度が始まって五年を経た平成一五年度末、会計検査院は、調査をし、多くのＴＭＯがまともに機能していないことを報告した。[*9] さらに、中心市街地活性化の取組み自体についても、平成一六年（二〇〇四）には、総務省が調査をし、中心市街地の人口減少、商店数・事業所数等の減少、商品販売額の減少などにおいて状況を改善するに至っていないことを指摘し、その上で、基本計画の的確な作成、事業の着実な実施などを勧告している。[*10]

こうした状況を受けて、国土交通省では社会資本整備審議会に対して諮問を行い、平成一八年二月の第一次答申で、集約型都市構造の実現と広域的都市機能の適正な立地という考えが打ち出されたのである。[*11] この後、中心市街地活性化法ならびに都市計画法は改正され（平成一八年）、従来のＴＭＯは法的効力を失い、代わって中心市街地活性化協議会が登場した。また大規模集客施設は、地区計画により緩和される場合を除いては、商業地域、近隣商業地域、準工業地域に立地が制限されるなど、規制が強化されることとなった。

なぜ都市計画には解けないのか

山形市の例では、その後も中心市街地の商業的退潮は続いている。[*12] いったい、対応のどこに問題があったのだろうか。

主要な反省点として、①変化しつつあるすべての要素の先に、めざす状況をビジョンとして描き、未来志向的に施策を組み立てるべきところが、何かを固定的に捉えようとする過去志向的な姿勢を払拭できないこと、②特に都市計画については、その手段が自ずとつくりだす近代的都市空間について、十分な反省と改善がなされていないこと、③漸進主義によるべきだが、都市計画の合理主義的あるいは手段主義的な状況から抜け出せなかったこと、④タウンマネジメントといっても、商業サイドにとどまり、都市計画サイドにその考え方が及んでいなかったこと、を挙げておきたい。

たとえば、中心市街地の商店個々の誘致圏の拡大と、競争の中で生き残るためのマネジメント力の強化等に向かうべきであるのに、手っ取り早く公共主導で実施できる中心市街地内の街路の環境改善や、周辺地域での立地規制に向かい、前者にまで至らない傾向がある。また、地権者の意向を反映するせいであろうか、高い容積率や緩い高度地区等に固執する。この容積率を実現しているのはごくわずかの超高層マンションであるにもかかわらず、それを例外的なものと扱わないため、高地価が維持されている。そしてそれに見合った地価負担力のある機能が少なく、空家・空地が増加してゆくといったちぐはぐな結果に結びついている。

加えて、都市計画サイドは、実現手段の維持に固執する。歩行者の増加やアクセシビリティの向上が求められながら、従来通りに都市計画道路の整備を進めるものだから、車には走りやすいが歩行者には魅力のない道路ができる。魅力的な景観をつくっていた歴史的建造物は失われてゆく。それでいて駐車場の整備は伴わず無料化もできないので、アクセシビリティは思ったほど向上しないという結果になる。場所によっては、沿道に郊外型の住宅が建ち、あるいは空地ができ、中心市街地景観の郊外化が進むことにもなる。具体の都市計画が、無自覚のうちに形成する近代的な都市空間について、その質を上げるには、そこに都市デザインの手を入れる必要があろうし、具体の都市計画を含めた都市計画のしくみの見直しが必要と思われる。

多主体が関わる中心市街地の機能強化や環境の向上には適切なマネジメントが必要であり、かねてから4Ａｓということがいわれてきた。[*13] 中心市街地のマネジメントを行う際に評価をすべき四側面であり、その街が人を集める根源の力、吸引力（attractions）、街への行きやすさであるアクセシビリティ（accessibility）、街の楽しさであるアメニティ（amenity）、そしてそれら各側面からの評価と改善を積み重ねながら街としてのマネジメントを推進するアクション（action）からなる。また、英米の取組みであるＢＩＤ（Business Improvement District）などの紹介も多くなされてきている。[*14] しかし、そうした考え方としくみがわが国に定着しないまま今日に至っている。

中心市街地活性化法によるＴＭＯは、どのように具体化したら良いものか途惑った自治体が多かった上、[*10] その財源や人材の確保にも困難があったことは問題点として指摘されているが、[*9] そもそも、ここで考えられたマネジメントは空店舗対策やテナントミックスといった商業的なものにとどまり、商業、都市計画の両サイドを融合した総合的なマネジメントには至っていなかったのである。萌芽的ではあったが、成果を上げる間もなく、また次のステップに発展的につながる道筋を示すことなく役割を終えてしまったように思われる。

この一九九〇年代からの狭義の中心市街地活性化問題は、結局解かれることなく、状況は悪化して今日に至っている。都市計画は、それがもともとかかえていた広義の中心市街地活性化問題も思い出しながら、信用を取り戻すためにも、抜本的な見直しを迫られているのではなかろうか。

5章　註

＊1　拙稿（2002）「中心市街地活性化をめぐる都市計画的論点」、日本建築学会・都市計画部門研究懇談会資料『中心市街地再生を見据えた地方都市の持続可能性』、pp.57-60

＊2　後で述べるが、中心市街地活性化法は準備不足で迎えたし、都市計画法の改正（平成一八年）では、大規模店舗の郊外立地が終わった後に用途による制限が行われるようになり、後追いになったのではなかろうか。

＊3　「大規模小売店舗における小売業の事業活動の調整に関する法律」（昭和四八年一〇月一日、法律第百九号、平成一二年六月一日廃止）

＊4　林雅樹（2010）「わが国大規模店舗政策の変遷と現状」、レファレンス 2010-9 pp.73-90

＊5　「大規模小売店舗立地法」（平成一〇年六月三日、法律第九十一号）

＊6　「中心市街地における市街地の整備改善及び商業等の活性化の一体的推進に関する法律」（平成一〇年六月三日、法律第九十二号）

＊7　「山形市中心市街地活性化基本計画」平成二六年一一月、pp.18-19。南西部の吉原地区には売場面積約二八、〇〇〇㎡の総合スーパーが立地し、北西部の嶋地区には一、〇〇〇㎡を超える大規模小売店舗が九店舗立地し、売場面積計約三五、五〇〇㎡が新規開店した。二〇〇七年当時、中心市街地の総売場面積は、六四、三一九㎡であった。

＊8　尾崎眞（２０１２）「まちづくりと流通政策」、商学研究 vol.52, no.1・2, pp.39-62

＊9　会計検査院「平成一五年度決算検査報告」http://report.jbaudit.go.jp/org/h15/2003-h15-1003-0.htm。国庫補助金等の交付を受けた一六七のＴＭＯを対象に検査がなされ、従業員が一人のＴＭＯ一四％、人材不足を訴えるもの八三％、それまでに空店舗対策を行ったものは六四％にのぼるがそのうち三〇％は一店舗にとどまっている。テナントミックスを行えたものは一三％といった状況を示している。その上で、「十分な人的体制と財政的な基盤が備わっていないことや、ＴＭＯの理念そのものが十分浸透していないこともあり、ＴＭＯに期待される本来の機能がいまだ十分発揮されていないのが現状である」と結論づけられている。

＊10　総務省「中心市街地の活性化に関する行政評価・監視結果に基づく勧告」（平成一六年九月）http://www.soumu.go.jp/menu_news/s-news/daijinkanbou/040915_1_2.pdf

＊11　国土交通省都市・地域整備局都市計画課「『新しい時代の都市計画はいかにあるべきか。』社会資本整備審議会第一次答申について」、新都市 18-4, pp.108-115。第一次答申は http://www.mlit.go.jp/singikai/infra/toushin/toushin_04.html

＊12　山形市の中心市街地における商業の衰退はその後も続いており、商業統計の商品販売額（小売業）で、平成二四年度調査結果を前回の平成二一年度結果と比べると三六・四％落ち込んだ。ピークであった平成三年（一九九一）と比べると（当時の中心市街地と呼ぶ区域は現在のものよりも若干狭いが）、その二四・九％、約四分の一となっている。

＊13　Department of the Environment, Urban and Economic Development Group (1994) *Vital and viable town centres: meeting the challenge*, HMSO

＊14　樋口明彦（２００１）「ニューヨークのＢＩＤに見る新しいコミュニティ・ベィスト・プランニングの可能性」、都市計画 234, pp.45-48、保井美樹（２００３）「Business Improvement District（BID）：米国と日本」、都市計画 242, pp.47-50、村木美貴（２０１１）「英国のタウンセンター・マネジメントにみる組織の役割と支援体制」、新都市、vol.65, no.4, pp.26-33、などが英米のしくみを紹介している。

6章　立地適正化計画に対する懸念と期待

コンパクトシティという理念をいかに受け止めるか

地方都市に暮らす者から見れば、市町村マスタープランに立地適正化計画が加わったことは[*1]、都市計画の現場を余計に混乱させているように見える。これまでも、合意依拠型のマスタープランは高い理念を掲げながら、実際に行えること（計画実現手段）は従来と変わりなく、そして中心市街地活性化のような地域のかかえる課題には応えられない、そのような状態が続いていたのだ。この度は、それに輪をかけて素晴らしい集約型都市構造[*2]（コンパクトシティ）という理念が国の方からもたらされ、将来ビジョンはこうあるべきだというのである。受け止める側にすれば、それを唱導している国がどこまで本気で取り組むつもりがあるのか訝《いぶか》りもすれば、またそれは建前であって本当のねらいは別のところにあるのではないか、などといった疑念も生まれる。一方で、言葉通りに捉える人々のうちには、地方分権でうたわれた地域の主体性はどこへ行ったのかといった懸念も生じよう。

あるいは、市民や行政は、都市計画というものをこれまで以上に突き放して見るようになっているのかもしれない。これまでも、都市計画は、法令も複雑で、市民からはわかりにくいといわれてきた。それに加えて、マスタープランは人々の多様な価値観や意見を容れ、計画を複雑化させるとともにそのねらいを曖昧なものにしてきていた。しかし、ともかく現実に道路や公園などが整備されることは、利用者にとっても地権者にとっても好ましいことなので、マスタープランを導く途中の論理がいかなるものであろうとそれは了承されてきたのではなかろうか。この度も、現実の生活感覚からすればリアリティを感じさせない集約型都市構造であっても、将来ビジョンはそうあらねばならないといわれるのであれば、計画書にそう書くだけのことで、それに基づいて必要な具体の計画を組み立てることができるのであれば、それはそれで良いのかもしれない。都市計画というものは固有の理論体系を持った別世界のことだと思えば良いのであるから、そう考える人もいよう。

それにひょっとすると、いくつかの都市は現実に縮退都市となって財政的にも危機的状況に陥るかもしれない、などと考えたりもする。国立社会保障・人口問題研究所の人口推計によれば、約七割の市町村の二〇四〇年人口は二〇一〇年の八割未満となる。[*3] この数字をどのように評価するのか問題であるが、市街地の縮退（シュリンク）を先取りして進めておいた方が得策なのかもしれないと。

そもそも、ますます厳しくなる市町村の財政を考えれば、既存のストックを有効に活かすことが重要であることはわかる。そうした中で、高齢者の生活の質の向上を図ったり、環境負荷を低減させることができれば、素晴らしいことであることも確かである。立地適正化計画の前提にあるねらいは、個別には納得できることなのである。

それにもかかわらず、国が特定のまちづくりの理念、しかも極めて理想主義的な理念を掲げてその実現を図ろうとすると違和感を禁じ得ず、その背後にある思惑をいろいろと詮索したくなるのである。本章では改めて当制度の解釈を試みつつ、その問題点と可能性について考えておきたい。

なぜ集約型都市構造（コンパクトシティ）なのか

集約型都市構造という概念は、国土交通省の諮問機関である社会資本整備審議会の第一次答申「新しい時代の都市計画はいかにあるべきか」（平成一八年二月一日）に登場する。[*4] これは、人口減少が進むこれからの時代への対応であるとともに、中心市街地活性化法の効果が疑問視される中で、中心市街地の再生を図るために都市計画制度をいかに見直すべきか検討した結果であり、これまで進行してきていた都市機能の拡散傾向に歯止めをかけ、集約型都市構造を実現しようというのである。

さらに平成一九年七月に第二次答申がまとめられており、ここでは、集約型都市構造の実現のための取組みの課題と方向性が、都市交通施策や市街地整備施策などの観点から示されている。[*5]

当初は中心市街地対策から発した議論であろうが、少子高齢化やこれからの人口減少を考えると、様々な問題が合わせ生じることが予想される。たとえば、第一次答申が語るには、これまでのような拡散型都市構造を放置していては、公共交通の維持が困難になるだろうという。すると自動車を運転できない高齢者の移動に際しての制約は大きくなるだろう。また自動車交通量の増加は温室効果ガスの排出量を増やし、環境への負荷を高めることであろう。その一方で、中心市街地の活力低下と道路などの都市施設の維持管理費の増加とがあいまって、都市の財政を脅かしかねないというのである。[*4]

こうした課題を考えると、集約型都市構造という理念は、すべての課題を同時に満たす見事な解であることがわかる。しかし、これを目標として、集約型都市構造を実現しようとなると、とたんに問題が生じる。そのような都市がもしあったなら、諸課題は解けるのであろうが、このあまりにレトロスペクティヴ（過去指向的）な将来ビジョンが、これからの時代に実現可能なものなのか慎重に考えるべきであろうし、集約型都市構造を実現するために用意された計画実現手段、すなわち居住誘導区域や都市機能誘導区域、そしてその誘導施設の設定といった手段がその目的に対し有効かつ適切かどうか考えてみる必要があろう。

当制度の問題点と否定的見解

当制度に対する疑念は、①前提とする都市の変化動向を誤認しているのではなかろうかという疑い、②実現手段が持つ不公平さを調整することの難しさ、③政策の効率性を他の政策と比較した場合の優位性の疑わしさなどから生じている。

第一に、人口減少が進むにつれて市街地はシュリンクする、ないしはさせうるとの前提であるが、実態は、市街地内では、空家・空地が増え密度が低下する多孔質化（スポンジ化）が生じ、交通不便な都市圏外縁部では、限界集落の発生に見るように縮退が生じている。現在のこの趨勢は当分変わらないものと思われるので、現在の市街化区域のような交通至便なエリアでシュリンクが生じるとは考えにくい。

また、中心対郊外という捉え方も、現実に即していない。広域からのアクセシビリティの高いエリアは新幹線駅やインターチェンジ周辺、幹線道路沿道などに広く広がっており、機能的にはこれらが中心性を持っている。中心市街地は、歴史的に中心であったという象徴的な意味、ならびに市内のどの地区からもほぼ均等な距離感にあるということで、市内中心性を持ってはいるものの、必ずしも広域からのアクセシビリティの高い地区とはいえない。加えて、今では都市内の地区相互間の交通が発達し、この点でも中心対郊外という図式が適切ではなくなっている。

さらに、当該制度は自動車交通を否定的に捉えているが、技術開発次第で自動車の地球環境への負荷は改善されようし、高齢者の移動をサポートするようにもなろう。しかもそうした技術開発は経済成長策ともなる。地方都市においては、すでに自動車交通が文字通り人々の足となっている。それにもかかわらず、それを否定的に捉え、高齢者の増加や地球環境問題の深刻化が即公共交通機関の利用者の増加につながる、ないしはつなげるべきだという主張自体に無理があるのではなかろうか。

コンパクトシティという概念は日本人の縮み志向に適うのかもしれないが、一度形成された市街地を集約することは、増大したエントロピーを下げることであり、相応のエネルギーを要するものと考えるべきであろう。そのようなことが財政的裏付けなくして可能であろうか。[*6]

第二の疑念は、居住誘導区域ならびに都市機能誘導区域によって人口集約を行うとした場合、誘導区域の地権者にもたらされる利益と、これまで市街化区域にありながら区域外となった地権者が被る不利益をどのようにして調整するのか、その方法が見当たらないことにある。これら規制的手段に実効性があるのであればの話であるが、もともと交通の便の良い地価の高い土地を持っていた地権者を利し、郊外の比較的廉価な土地を持っていた人々の資産価値を減じるために、格差拡大策となろう。このような権利制限には補償措置が必要ではなかろうか。しかし一方で、地価に影響するほどの規制効果はないとも考えられる。もしそうであれば人口集約効果といった実効性もなかろう。その場合、制度にはメッセージ効果を期待することになる。

さて、三番目の疑念は、集約型都市構造が個々の課題を解くとしても、個々の課題を解くのは集約型都市構造だけとは限らないところから生じる。たとえば、地球環境に対するサステナビリティを高めるには、燃料電池車など自動車の技術開発・普及の方が、都市構造をつくり変えるよりも現実的かもしれない。高齢者の行動の自由を保証するには、高齢者が移り住むよりも、運転のアシスト機能や自動運転技術の開発と制度変更の方が有効かもしれない。政策は、状況や対象に応じて適切なものを組み合わせて用いる（ポリシー・ミックス）べきであるし、最少の費用で最大の効果を上げるよう組み立てるべきであろう。ここで問題としているその他の諸課題についても様々な解があり得るし、より効率的で効果的な方法が考えられる中で、コストのかかる集約型都市構造の実現をめざすことには合理性がない。

すなわち、それが合意依拠型のマスタープランの掲げる理念と同様、将来の都市のメタファーであるなら良いが、具体の都市計画を総動員して実現するような計画目標であるとすると、都市計画の困難はさらに深刻なものとなると予想されるのである。

制度的混乱の根源

当該制度が混乱を引き起こす制度論的な原因がここに見えてくる。すなわち非拘束的であるべきマスタープランでありながら、拘束的な手段が直結しているところに一つ問題がある。居住誘導区域、都市機能誘導区域は、届出制をとっており、規制力が弱いとはいっても規制手段であり、[*7] 拘束的な計画実現手段であることに変わりはない。立地適正化計画がマスタープランの一種だとわかっていても、そこにこれら区域の線を描き入れたとたんに、それが非拘束的であるべきマスタープランの概念ではなくなっているというのでは混乱が生じて当然であろう。[*8]

また、立地適正化計画はマスタープランであるが、それを「物的計画型のマスタープラン」と捉えるべきか、「合意依拠型のマスタープラン」と捉えるべきか、判然としないために混乱が生じているようにも思われる。マスタープランの制度はいまだに建前としては前者をとっており、後者は実態にすぎない。今でも、将来ビジョンは実現するために掲げるものであることに変わりはない。立地適正化計画がその建前を踏襲しているのであれば、地方自治体は、国の支援を得て、掲げた目標の実現を図らなければならないことになる。しかし、後者であると考え、単にメッセージ効果しか持たないものと理解すれば、気楽に理想を描けるということになる。自治体がどう捉えるべきかはどこにも書かれていない。

一つの思考実験

この二重のジレンマの意味は、次のような思考実験をしてみればわかりやすい。線引きが行われてきたある人口三〇万人程度の都市があり、現時点でも、スプロールのない比較的コンパクトな市街地が形成されているとしよう。将来の人口減少も平均的で、多孔質化（スポンジ化）が満遍なく進むものと見られるが、維持に支障が生じるほどの密度低下をきたすことは想定されていない。その市街地は、面積も人口も全体の一割以下の中心市街地と、その他の、自動車交通に支えられた一般市街地とからなるとする。その大半は土地区画整理事業によって形成されている。この時、プランA（主要な公共交通路線の駅やバス停等から徒歩圏にある区域を居住誘導区域とした場合）と、プランB（市街化区域内の住居系市街地のほぼ全域を居住誘導区域とした場合）を考えてみる（表6・1）。

この制度に実際の集約効果があるすると、プランAでは、公共交通を支える密度構造といずれはなり（いつのことかはわからないが）、高齢者が交通利便性を享受しやすくなるというメリットがある反面、施策の公平性や継続性が保たれないというデメリットが生じる。これに対し、プランBでは公平性・継続性は保たれるが、公共交通には別途助成が必要になるというデメリットがある（表6・1）。しかし、プランAでも利便性の高い場所に移り住むことのできる高齢者は一部に限られるだろうし、そうでない高齢者に対し、その移動を支えるシステムが別途必要となるのは、プランAでもBでも同じことであろう。

一方、この制度に集約効果はなく、メッセージ効果しかないとしたら、プランAが発する集約型都市構造をつくるというメッセージは、国や公共交通の経営者、そして誘導区域内の土地所有者にはポジティブとなるが、区域外となる大半の居住者・土地所有者にはネガティブなメッセージとなる。これに対し、プランBの発するメッセージは、これまでの線引きを踏襲しさらなる市街地の拡大はないというものになり、既存の土地所有者に対しポジティブとなり、市街化調整区域の農地所有者の宅地開発期待に対してはネガティブ、公共交通の経営者にはニュートラルとなる。

このように考えると、プランAでは政策の継続性、公平性に問題があるばかりか、効率性、合目的性も疑われることがわかり、プランBでも今以上には市街地を拡散させないというメッセージとしては十分であることがわかる。

表 6.1　居住誘導区域に関する思考実験（２タイプの比較から）

	プランA（狭い）	プランB（広い）
居住誘導区域の取り方	公共交通機関の幹線となる路線について、駅ないしバス停からの徒歩圏にある区域を指定する	現在の市街化区域内で工業に特化した区域を除き、住居系市街地を広く指定する。商業・業務系も含む

＜立地誘導に集約効果があるとした場合＞

	プランA（狭い）	プランB（広い）
メリット	・公共交通を支える市街地が、いずれは、形成される ・（住み替えることのできる）高齢者等の交通利便性が高まる	・行政施策の公平性が大きく損なわれることはない ・行政施策の継続性が概ね保たれる
デメリット	・資産価値に変化が生じ、格差が拡大するおそれがある。行政施策の公平性が損なわれる ・行政施策の継続性が損なわれる	・公共交通の盛衰は市場原理と企業努力にゆだねられる ・高齢者の行動が制約されるおそれがある
デメリットの緩和策	・資産価値が低下し、移り住むこともできない人々に補助が必要になる（補償も考えられる） ・右は同じではなかろうか。	・高齢者等の行動の自由を支える公共交通以外のシステム（しくみ）が必要になる、たとえば、乗合タクシーや自動運転自動車の開発など。

＜立地誘導に集約効果がないとした場合＞

	プランA（狭い）	プランB（広い）
ポジティブ	・集約型都市構造形成の意志を示せる（国に対し） ・公共交通支援のメッセージを示せる（電鉄・バス会社に対し）	・市街地をこれ以上広げないという意志を示せる（市街化区域内土地所有者に対し）
ネガティブ	・居住誘導区域外となる市街化区域内土地所有者・居住者に対し、公共交通の利便性や将来の公共投資が保証されないとのメッセージとなる	・市街地をこれ以上広げないという意志を示せる（市街化調整区域（農村部の）土地所有者に対し）
ニュートラル		・公共交通への支援を、市街地の集約という形ではしないというメッセージとなる

＜結論＞

	プランA（積極的集約）＋プランB（拡散を防ぐ消極的集約）	
方針	［事業・積極策はプランA］ ・規制緩和や助成策をインセンティブとする立地誘導策など、集約のための積極策はプランAで行う	［規制はプランB］ ・都市再生特別措置法に基づく居住誘導（届出制）はプランBで行う
備考	・積極策をプランAに限定することによって財政負担の増大は抑えられよう。 ・居住地選択時にはメッセージが活かされることが期待される	・すでに現行の市街化区域でもコンパクトな状況を達成していることが条件となっている。 ・将来的にも一定の人口密度が保たれる予測であることも条件となっている。

プランAに実効性を持たせるにはさらなる積極策が必要であろう。つまり、人為的に密度構造を変えるには、コストと便益の均衡をとるかのようになされている個々の立地判断に、バイアスを生じさせるほどの実効的な手立てが必要である。便益を高めるには、公共交通機関のシステムとしての利便性が実際に高まらなければどうしようもないし、コストを下げるには、駅やバス停周辺の床供給量を増やすために容積率規制・高さ規制の緩和をしたり、誘導施設に対する直接的助成措置などが考えられよう。反対に、対象地域にもれる地域に対して規制をかけコストを上げようとすると、副作用が様々に生じ、政策の合目的性があやしくなるのである。

結局、実効性の期待される手段であれば、それこそプランAの範囲に限って行われることが求められ、行政の政策を拘束するマスタープランにそのような方針を示せば良いのである。プランBの範囲では、線引きを継続すれば良く（これまでに行っていなければ、居住誘導区域のような手段が必要であろうが）、マスタープランにその意思を示せば良い。つまり、実際にこのようなことができるかどうかはわからないが、プランAとBの合体案が一つの解として考えられるのである（表6・1）。

立地適正化計画からの問題提起

市街地のタイプや運用の仕方によって制度の効果の現れ方は様々だと思われるので、現時点での断定的な評価は控えたいが、この新たな制度が、様々な問題提起をしていることは確かである。すなわち、

①マスタープランの技術的合理性や主導性を回復する必要があるのではないか

立地適正化計画自体、従来のマスタープランに対する問題提起を含んでいる。たとえば構造評価等

を行い将来の状態を評価して計画をつくるよう求めており、[*9] 地域メッシュ統計などを用いて将来人口を推計し、将来の公共交通機関のサービス圏域の人口分布や、中心市街地へのアクセシビリティなどの評価の上に計画を立てることになる。こうした技術的アプローチは、当初の物的計画型マスタープランが持っていたがその後見失われた技術的合理性の回復を期待させよう。また、計画のターゲットを明確にし、ストーリーを立てて臨むように求めており、[*10] これも合意依拠型のマスタープランになって見失われた計画の主導性を取り戻す試みと考えられる。

②情報的政策手法を導入する必要があるのではないか

立地適正化計画の実現手段が、結果としてはメッセージ効果しか持たないとしても、都市計画における情報的政策手法を活用する可能性を指摘していると考えられる。計画決定する具体の都市計画や、公表をもって成立する市町村マスタープランに加え、専門的見地から生み出される市町村の計画意図をより明確かつ率直に表現する方法があってしかるべきかもしれない。またすでに防災性能を高めるためにはハザードマップなどの情報的政策手法が活かされているが、土地利用や施設立地についても、情報を提供することによってより合理的な判断を促すことができれば望ましい。

③人口減少下の都市計画のテーマは何か

一方、立地適正化計画を否定的に捉えたとしても、そこには新たな問題提起がなされている。すなわち、人口減少下の都市計画の主要なテーマは、市街地の縮小ではないのではないかと考えさせる。都市化時代の都市計画が市街地形態の制御を最大の関心事としていたのは合理的であるが、人口減少下でもそのように考えるべきかどうかは疑問である。都市の課題はすでに多岐にわたっており、それらに対し、市街地形態を介して応えようとすることに無理があるのは確かである。

④マスタープランの混乱を放置しておいて良いのか

物的計画型マスタープランのイメージと合意依拠型マスタープランのイメージが、人々の間に混在しており、混乱の基となっている。そうした混乱が、説得力のない計画に対して人々を無頓着にしているとしたらさらに問題である。計画の合理性は、社会の自生的秩序（spontaneous order）の上に成り立っているのであり、その理解が薄れているところに問題があるのではないかと考えさせる。

悩ましい立地適正化計画であるが、ここで提起された問題はむしろ、新たな計画シーンに向けて私たちを駆り立てているように思われる。

6章　註

＊1　都市再生特別措置法（平成一四年四月五日法律第二十二号）の改正（二〇一四年八月施行）による。

＊2　本稿では、集約型都市構造を持つ都市はコンパクトシティでもあり、同義として扱うことにする。集約型都市構造とは何かというと、社会資本整備審議会の第一次答申を読むと、核となる機能集積地に多様な都市機能が集積し、賑わいが生まれるとともに、その地区の既存ストックを有効に活用し、集積のメリットが享受でき、都市経営コストが抑えられるもので、かつ公共交通のネットワークが成立でき、自動車に過度に依存せず自然環境負荷を抑えた都市、ということであろうか。

＊3　国立社会保障・人口問題研究所（２０１３）『日本の地域別将来推計人口（平成25年3月推計）』報告書 http://www.ipss.go.jp/pp-shicyoson/j/shicyoson13/t-page.asp

＊4　正確には、その都市計画・歴史風土分科会、都市計画部会中心市街地再生小委員会（委員長：小林重敬）の答申がこの第一次答申となっている。社会資本整備審議会第二次答申より。

＊5　第二次答申には、都市交通・市街地整備小委員会、公園緑地小委員会、下水道小委員会の議論が反映されている。

＊6　社会資本整備審議会などは「つくる」とはいっていない。しかし、第一次答申ではまだ都市構造は「維持・誘導していく」ものであったが、第二次答申では集約拠点での市街地整備や公共交通軸の整備などによって実現するものに変わっており、整備して実現するのであるから「つくる」のであろう。しかも「総力戦」（p.16）で実現しようというのである。

＊7　この立地適正化計画の計画実現手段として新たに用意されたものは、届出—勧告のしくみを伴った「居住誘導区域」「機能誘導区域」であった。名前は誘導とあるが、届出制をとっており緩やかな規制的手段と見るべきであろう。ただし、政令でもって定められている三戸未満の建築行為は除かれているので、大半の地権者には直接的には影響は及ばない。

＊8　ここのところ、市街化区域の線や用途地域をそのままマスタープランに写すような習慣がついていたことも、こうした短絡を生じた遠因ではなかろうか。しかし、私権を制限する区域設定でありながら、都市再生特別措置法に基づくものであるため官報告示ではなく、マスタープランと同じく公表をもって決定となるところにも二層制を曖昧にする原因がある。

＊9　国土交通省は「都市構造の評価に関するハンドブック」（二〇一四年八月）を示している。
http://www.mlit.go.jp/toshi/tosiko/toshi_tosiko_tk_000004.html

＊10　国土交通省都市局都市計画課「立地適正化計画作成の手引き」（平成二八年四月一一日改訂）http://www.mlit.go.jp/toshi/city_plan/toshi_city_plan_tk_000035.html、ではまちづくりの方針をターゲットとし、それに対する施策・誘導方針をストーリーとしている。

7章　都市計画の変革の必要性とその方向

都市計画の危機と変革の必要性

今日、都市計画マスタープランが説得力を失っており、その計画実現手段である具体の都市計画を正当化できなくなってきている。つまり部分的な個別の事業や規制等の妥当性・有用性等を将来ビジョンに照らして示せなくなっている。長期的見通し自体があやしくなっているのだから当然のことであるが、反対に、具体の都市計画は、今日的課題に対する有効性を持っていないか、あるいは効率的な手段でないために、説得力あるマスタープランを組み立てられなくなってもいるのであり、このような相互関係の下に都市計画は危機を迎えている。

政策や行政施策が「正当化」されることは重要である。「正当化」は、市民が、自らの利害を超えて、その政策なり行政施策なりを妥当と認めることであり、統治権力を受け入れるための条件である。[*1]正当化されない行政施策は、市民の目には権力の乱用か税金の無駄使いとしか映らない。正当化されない政策や行政施策を積み重ねてゆけば、市民は自らの利益となるような政策・行政施策ばかりを求めるようになりポピュリズムに陥るか、あるいは統治体制自体の正当性が失われることになろう。

もちろん、都市計画にも継続が期待される部分もある。第一に、これまで公共の福祉のために都市計画が果たしてきた役割はこれからも維持されるべきであろう。たとえば、土地利用規制は環境破壊から生活を守る枠組みとなっているし、これからもその役割を果たすことが期待される。また、開発ポテンシャルのある地域では、今後も都市開発に投資がなされよう。その開発スキームをつくる役割が都市計画にはある。そして、その他の地域でも、先導的に地域開発の役割を担えば良い（ただし、地方都市を中心に、その能力が疑問視されているところに問題があるが）。

しかし、そもそも変革の必要性は、様々な不都合だけではなく、市民とともに都市をつくってゆくという前提に立つことによって生じている。このことが重要である。それは行政目的に市民を従わせるのではなく、市民、行政、専門家の間に新たな協調的な関係を築くことを意味する。また市民を主体に考えると、経験される都市を意識することにもなる。何をつくるかということよりも、どのような状況をつくり出すのかということに主眼は移ってゆく。したがって、計画的目標の描き出し方から実現手段の組立て方まで、これまでの方法とは異なるものとなろう。しかし、こうした一連の変化は、都市計画の発展の必然的帰結と受け取られる。

本章では、第Ⅰ部のまとめとして、具体の都市計画よりも柔軟性を持ち、すでに段階的に発展を遂げているマスタープランに着目し、その次の段階を構想してみようと思う。

第一ステージとしての物的計画型マスタープラン

これまでマスタープランは段階的に発展してきた。都市化が進行していた時期、ちょうど都市計画法（新法）ができた頃に「物的計画型のマスタープラン」がつくられた（2章）。それは将来予測に基づき、必要な各種用地面積やインフラストラクチャの整備量を求め、それを基に将来都市像を描いた。

その実現のためには計画実現手段である具体の都市計画をアレンジした。この策定プロセスは合理主義的アプローチといえる。それは目標像が明確に定まるとともに、そこに至る手段も明確にすることができたからである。この技術的過程が持つ合理性とともに、地域の人々にもたらされる開発利益が計画の説得力となっていたものと考えられる。すなわち、地権者は開発を少々の期間待たされるかもしれないし、減歩などの負担や容積率・建蔽率等といった制約は受けるものの、計画的な市街化によって、投資効率は高められたのである。技術に支えられたこのようなマスタープランが説得力を持っていたので、個々の具体の計画は、その長期的ビジョンの下で正当化されていた。

ただ、「物的計画型のマスタープラン」は、マスタープランとして制度化されることはなかった。それはあまり公にすべきものではなかったのかもしれない。予定を明かしたりすると、土地を買い占められ、その実現は阻まれたことであろう。

また、歴史的な都市核をどのように扱い、その歴史、文化を継承しつつ、いかに商業・業務機能を高めてゆくのかといった課題はその時点からあったが、ペンディングとなった。

第二ステージとしての合意依拠型マスタープラン

バブルの混乱は市町村マスタープラン制度化の契機となったが、制度ができた時にはバブルははじけ、安定成長期を迎えていた。市町村マスタープランは、都市計画課題を抽出し、その課題解決を図る将来ビジョンを描き、その実現のために計画実現手段を組み立てるという合理的計画プロセスをとったが（3、4章）、実際には、市民の多様な価値観を容れて計画課題は広範なものになった。その解決のためには、問題構造の分析も不十分であれば、手段の組立ても不十分なものになってしまった（4章）。それは、都市計画担当課・係の所掌範囲を超えてポリシー・ミックスを必要とするものであったし、具体の都市計画にできることは限られていたので当然のことでもあろう。また、地区ごとに課題を解くよう計画の詳細化も求められたが、それはマスタープランの限られた策定期間のうちにできることではなく、地域別構想はできたもののその中身は将来のまちづくりの展開に期待することになっている。ただ、関係する諸主体の合意が、これら計画課題の広範化・詳細化に対する不十分な対応を埋め合わせて、マスタープランを成立させてきたと見られる。

特に、一九九〇年代以降、問題となった都市的課題は、中心市街地活性化、中でも商業機能の活性化であった。それは、都市構造の変化の中で顕在化してきたものだが、同時に流通構造の変化、人々の生活の変化といった、大きな構造的変化の中で生じており、都市計画だけでどうにかすることのできるようなものではなかった。特に、商業者自らにも変化が求められており、それを支える環境づくりといっても、最初から何が必要かわかるようなものではない。まちづくりの実践の中で徐々に明かされてゆくものであろう。そこにはマネジメントの働きが期待されるのであるが、現実にはそのようにはならなかった。都市計画が提供した手段は従来の具体の都市計画の域を出るものではなかったし、都市計画を巻き込んだ総合的なマネジメントが模索されたわけでもなかった。

ただ、それを課題と意識しながら応えることのできない都市計画の有効性に疑問が生まれたことは確かであろう。しかし一方で、かなりの都市の都市計画は、以前につくった将来ビジョンの実現のために具体の都市計画の推進にのみ関心を寄せる手段主義といわざるを得ない状況にあると見られる。

確かにそれは、長期にわたって実現すべきものとして定めたのだが、実現に無理があるようなものや、状況に変化があるような場合には積極的に見直しをすべきであろう。

さて、新たに加わった立地適正化計画は、データを基にした地域の構造分析や、ターゲットとストーリーを語るなど、技術的合理性や計画の主導性を回復しようとしているかに見える。その一方で、掲げる集約型都市構造というビジョンは、メタファーだと考えざるを得ないほど理想主義的である。いかに活用されるのかは今後の課題であるが、すでに私たちは多くの困難をかかえるマスタープランを前にして、その第三ステージをにらんだ新たな姿を構想する必要に迫られているように思われる。

マスタープランの第三ステージとその先の都市計画

もし、マスタープランに第三ステージなるものがあるとしたらの話であるが、説得力のあるものでなければならないことは、自明であろう。説得力を回復するために、条件を挙げるとすると、①言説の合理性、②実効性・有用性に関する信用、③漸進性の向上が考えられる。

第一に、わかりやすい言葉で筋の通った説明をする必要があろう。それは目的と手段が対応しており合目的的と捉えられなければならないし、資料やデータ、経験的知見といった証拠（evidence）に基づくことが求められる。第二に、現実に課題を解き、都市に価値を生み出すという有効性・有用性を示すことが求められ、それは結果責任として問われることになる。第三には、そのためにも漸進的にならざるを得ない。[*2] 状況を見ながら判断し適切な修正を加えることによって、はじめて目的とするところに到達することができると考えられるからである。

特に、中心市街地商業の活性化のように、至るべきゴールも見えなければ、何が適切な手段かもわからないようなものは、漸進主義的なアプローチが必要とされる。市民が主体となって行うまちづくりは、もちろん漸進主義的であるが、行政等が政策的にこれを推進しようとする場合にも漸進主義的アプローチをとらざるを得ないことは、課題の性格からくることである。

こうした課題においては、行政等は市民（住民、商業者等）が主体となって行うまちづくりを支援しながら、市民と行政内各部・課・係の間をつなぐ役割を担うことであろう。あるいはそれらまちづくり主体と市民の間、あるいはまちづくり主体と専門家の間をつなぐ役割も担うことであろう。そこで、第一ステージのマスタープランを「物的計画型マスタープラン」と呼び、第二ステージのマスタープランを「合意依拠型マスタープラン」と呼んだのに対し、この第三ステージのマスタープランを「媒介型（インターメディエート型）のマスタープラン」と呼んではどうであろうか（表7・1）。

関係諸主体の間でのマスタープランの働きを考えると、第一ステージでは、技術的過程が合理的であり、打ち立てられたマスタープランは主導的であった。それに対し、第二ステージでは、課題が多岐にわたった上、具体の都市計画では解けないような課題も含まれたため、関係諸主体の合意を得ることに腐心せざるを得なかった。では第三ステージではどのようになるかと考えると、ますます主体間のコミュニケーションが重要になっているものと思われる。まちづくりやマネジメントの中核となる主体間だけではなく、広く住民・市民・企業を巻き込んでゆく必要が生じ、いかにネットワークを広げてゆくか自体が課題と意識されることになろう（表7・1）。

では、マスタープランが都市計画の中で行っていることは何かと考えてみると、第一ステージの段

表7.1　マスタープランと都市計画の型[*3]

	マスタープランは何をするのか	マスタープランはどこで説得力を得ているのか	マスタープラン策定という場の役割のタイプ	背景にある都市計画の状態	マスタープランは都市計画に対して何をしているのか
物的計画型マスタープラン physical plan type	物的計画	技術的過程の合理性	主導型 initiate	合理主義 rationalism	時間・空間上の資源の配置（手段を正当化）
合意依拠型マスタープラン consensus based type	問題解決に向けた将来ビジョンの形成	社会的過程を経た関係諸主体の合意	連座型（関係の表明） involve	手段主義 methodism	実行上の配慮事項の確認（手段の質を正当化）
媒介型マスタープラン intermediate type	問題解決に向けた各主体の政策評価と権限付与	都市づくり主体の説明や能力の評価	媒介型 intermediate	漸進主義 incrementalism	関連主体の関連行為の調整と推進（委任主体を正当化）

階では、時間・空間上に資源の配置をすることがその固有の役割であったと考えられる。第二ステージでは、具体の都市計画を実行する上での配慮事項を確認したものと理解できる。具体の都市計画自体には変わりなかったとしても、それが配慮すべき事項はいろいろと加えられ、その質が保証されたのではなかろうか。第三ステージでは、テーマや地区ごとにマネジメントしようとする主体が育っているものと想定されるので、それらの間で都市づくりに関わる行為を調整したりプロモートすることがねらいとなるのではなかろうか。

新たなステージへの移行に際しての難関は、具体の都市計画自体に変革が及ぶことである。市民をはじめ関係諸主体とともにこうした漸進的な都市づくりを進めるための態勢をつくってゆく手段が新たに加えられる必要があるし、そのためには、私たちのスキルから見直さなければならなくなる。

もっとも、ここで見てきた各ステージは、それぞれ四半世紀ほどの時間スパンとなっており、ポスト都市化時代の都市計画を考えるには、この第三ステージよりも先をにらんでおく必要があるのかもしれない。これからの都市計画にどのような発展可能性があるのか、あるいは時代の課題に応じてそれがどのような形を求めてゆくべきなのか、第Ⅱ部では周辺諸条件から考えてみたい。

7章　註

＊1　正当性（legitimacy）という概念は、「正当性が承認されると、成員たちは、自らの利害関心に反する場合でも服従を義務と感ずるようになる」（中野敏男）ものと説明されている。『哲学・思想事典』、岩波書店より

＊2　塩沢由典（1993）は「経験主義がつねにもたなければならない漸進性」と表現している。塩沢（1993）「合理化と計画化─危機の時代の社会科学」、『二〇世紀社会科学のパラダイム』、岩波書店、pp.137-183

＊3　拙稿（2016）*On Emergent Difficulties and Suggested Solutions for a Reform of the Japanese Urban Planning System in the Post-Urbanization Period-A Rethinking of the Master Plan,* The 17th International Planning History Society Conference で用いた図に手を加えたもの。

Ⅱ　都市計画をとりまく状況や考え方の大きな変化

8章　ポスト都市化時代という時代の課題

「時代」というものの性格

私たちは時代を区切って、今日という時代の特徴や新たな時代に向けた期待を語るが、時代に線が引いてあるわけではない。しかし過去を振り返ってみると、この時代とあの時代の違いが意識されたり、川の流れに淵と瀬があるように、安定期と変革期といったリズムがあるように思われたりする。時代区分は、空間的な地域区分と同様に仮説的な手段ではあっても、歴史的状況を理解する第一歩となる。逆にこのことは、区分された時代に対して、いくつかの点に注意するよう促す。第一に、社会、経済、文化など、着目する側面に応じて、歴史的な状況は異なった見え方をする可能性があり、第二に、そのこともあって、一つの時代は前後の時代と共通点と相違点を持っている。つまり、どの時代も常に中間的性格を持っている。そして第三に、歴史を振り返る時間的スケールに応じて、見え方が異なる。

こうして見ると、時代区分というものは、あくまでも歴史的ダイナミズムを理解するための方便であって、その仮につけられた名称に縛られてイメージを単純化させたりしてはならず、様々な角度から光をあて、常に対象の真の理解のための努力を怠ってはならないということになる。

本書では、これからの時代の都市計画について考えることを目的としているので、都市化時代とそ

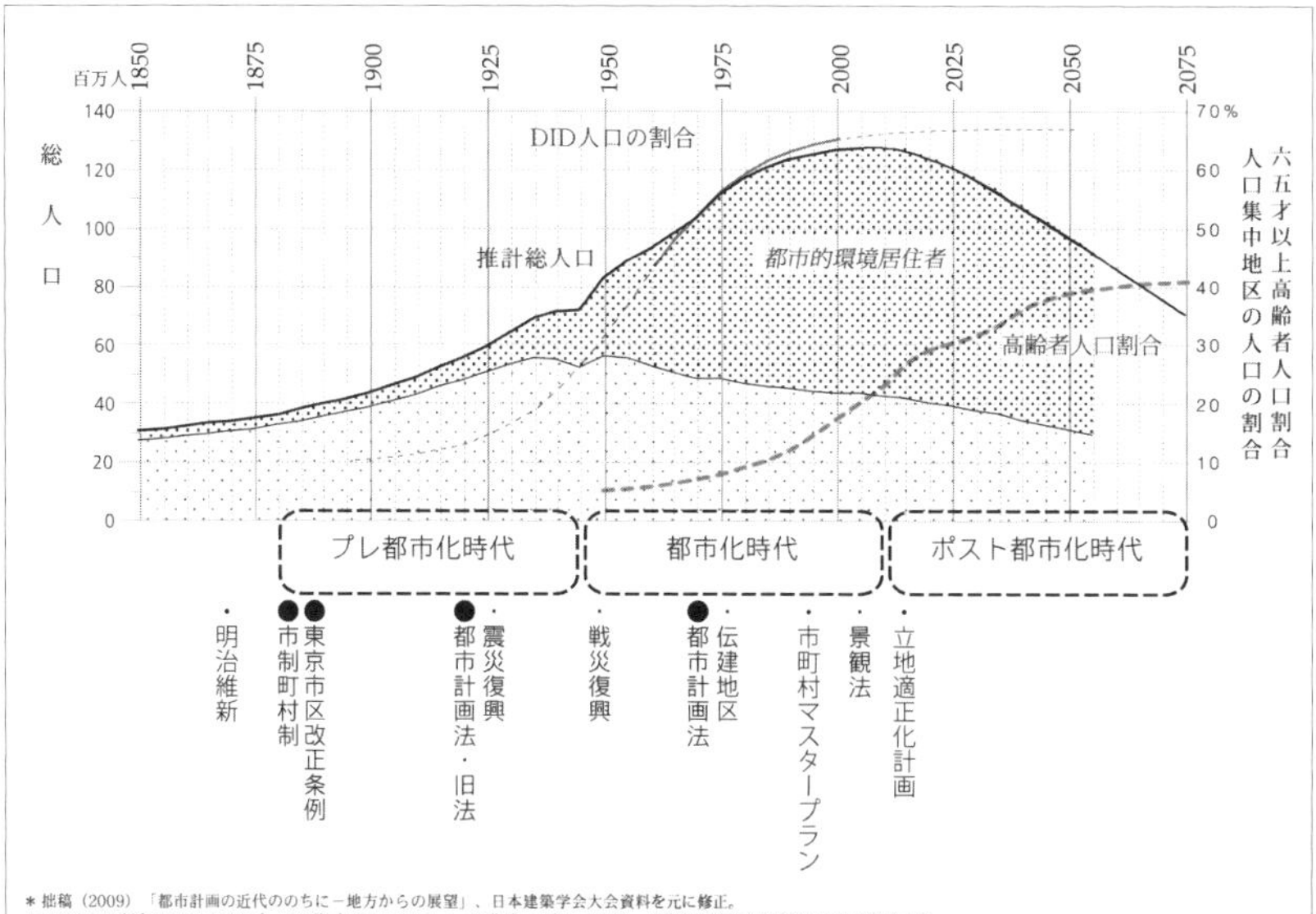

＊拙稿（2009）「都市計画の近代ののちに－地方からの展望」、日本建築学会大会資料を元に修正。
＊DID人口の割合は1960-2000データに基づいてロジスティック曲線へ近似したもの。都市的環境はそれを総人口に乗じたもの。
＊2010年以降の人口推計ならびに65歳以上高齢者人口割合は、国立社会保障・人口問題研究所「日本の将来推計人口」平成24年1月推計ならびに参考推計より。

図8.1　わが国の人口の推移と本書の時代区分[*1]

の後のポスト都市化時代とを対照的に捉えてきたが、それも私たちが向かいつつある時代を理解するための仮の思考枠に他ならず、それがいかなるものであるかということに関しては慎重に考えを巡らす必要があろう。

ポスト都市化時代とは

ポスト都市化時代という捉え方は、わが国の都市化の過程に沿ったものであり、総人口の変化ならびに都市への人口集中の度合いから定義できる。図8・1[*1]は明治以降の近代化の歩みを示しているが、近代化の過程では、人口学的遷移により総人口が増加することが一般的現象として知られている。[*2]人口学的遷移とは、それまで高出生率・高死亡率であった社会が、低出生率・低死亡率の社会に移行するにあたり、まず死亡率の低下が起き、出生率の低下が遅れて生じることから、そのタイムラグによって人口増加が生じることをいう。わが国でも、総人口の増加と都市への流入が、明治以降の近代化の中で進んだことを図は示している。

しかし、総人口が急増に転じるのは第二次世界大戦前後である。戦争によって多くの人命が失われたものの、戦後のベビーブームは人口増加のカーブを元に戻し、そしてさらに押し上げていった。そして、農村部からあふれた人口は都市に流入していったのである。本書では、この戦争から後、総人口がピークに達する二〇〇七年までの約六〇年間を、都市化時代と呼んできた。

したがって、目をそれ以前に転ずれば、明治以降、近代的な都市建設が模索されていた期間が、六、七〇年ほどある。ちょうど都市化時代と同程度の長さのこの期間を、本書では、都市化のための助走ないし準備期間という意味で、プレ都市化時代と呼ぶことにする。

すなわち、明治二一年（一八八八）の市制町村制公布、明治二二年（一八八九）の大日本帝国憲法の公布と、明治の新体制が固まり、近代国家建設に向けた取組みが本格化する中で、明治二一年八月には、東京市区改正条例（翌年一月一日施行）が公布されている。この条例は、これに先立って八年間にわたりなされた議論のたどり着いた結果であったが、これより後は当条例に基づいて市区改正委員会が組織され、大正七年（一九一八）に至るまで、東京に上水道、道路、橋梁などを整備していった。[*3]こうした計画手法が、大阪、京都にも広められ、さらには当時の成長都市である工業都市や軍事都市にも適用されるべく大正八年（一九一九）の都市計画法（旧法）制定につながっていった。[*4]

ポスト都市化時代は、プレ都市化時代、都市化時代の後に続く人口減少期を指す。その期間は、前二者が六、七〇年程度であったのとほぼ同じと見ておきたい。この期間は総人口の減少とともに高齢者人口割合の増加によって特徴づけられる。この高齢者人口割合は、たとえば六五歳以上人口の比率で見た場合、しばらく増加を続けた後、約四〇％で頭打ちになるものと推計されている（図8・1）[*5]。その収束に要する時間が約六、七〇年なのである。

都市化時代の意味

現代都市というものは都市化時代につくり出された歴史上前例のない新たな人工物といって良いかもしれない。都市は古来建設されてきたが、近代以前には、都市はシンボリックではあっても、量的には存在感の小さなものであった。図8・1の都市人口率の推移は、明治初頭の都市人口率が約一三％と見られること[*6]、ならびに一九六〇年以降のＤＩＤ（人口集中地区）人口率の推移に基づいて、グラフ上にプロットしたものであり、その人口を面的に示したのが図の都市的環境居住者と記している部分である。ＤＩＤ自体あくまでも指標にすぎないが、現代都市が極めて短期間のうちに形成されたことが読み取れよう。

この現代都市がまさに都市化時代の産物なのだ。そして、一九六八年に制定された都市計画法（新法）の下での都市計画制度が、その物的環境を計画的に形成するためにあったということを理解すべきである。それは、無秩序な市街化を抑制する土地利用規制制度や、都市施設の整備を推進する事業制度を備えているというだけではない。開発利益を還元するしくみとなっている土地区画整理事業（プレ都市化時代に準備されたものであるが）はもちろんのこと、すべての計画的手段は、都市化のエネルギーがあってはじめて有効に機能するしくみとなっていることに、改めて気づかされる。

たとえば自然環境や歴史的環境の保全、アメニティの向上なども、一見すると、都市化に抵抗し危機にさらされている環境を守るものと映るが、大局的に見れば、都市化が進む中で顕在化してきたこれらの課題に対し、その状況の中で必要な手当てを加えているのであって、都市化が進まなければ、ただ何も変化しないままに置かれていたことであろう。このように考えると、整備・開発・保全の手法は、いずれに力点を置いたとしても、都市化のあり方に関わっていたことがわかる。

つまり、これまでの都市計画は、都市化を巡って組み立てられた環境制御の方法だと捉えられる。ポスト都市化時代に向けて抜本的に見直さなければならない所以である。ただし、この場合の都市化とは、単に人口増加と市街地の拡大を意味するだけではなく、その背後には人々の生活の仕方やものの考え方を含んだ生活様式の幅広い変化が進行しており、それらを含めたものを意味している。

ポスト都市化時代の始まり

ポスト都市化時代は、ほとんどの地域が都市的社会となった時代でもある。[*7] 図8・1に示したようにＤＩＤに住む人の割合は七割弱ですでに頭打ちとなっている（平成二二年国勢調査で六七・三％）。しかし、ＤＩＤに入らずとも、人々の行動圏域は広く広がっており、その外側にある農村とばかり思っていたような地域も含めて、大半の住民は都市的雇用やサービスの恩恵にあずかっており、機能的には都市化されているのである。

しかし、このように国土の隅々までが都市化された段階で人口が減少に転じることとなった。人口減少は出生率が人口の置換水準以下に下がったためであり、その直接的な要因としては、晩婚化、晩産化、非婚化、夫婦の少産化などがいわれているが、その背景には結婚行動や出生行動などを左右する経済社会的要因や文化的要因が考えられている。[*8]

近代化に伴う人口増加が各国共通の文明的課題であったように、人口減少もまた各国に広く共通する課題となっている。フランスのようにすでに少子化対策が出生率の改善という点で効果を上げてきている国もあるが、[*9]わが国ではまだ対応策が効果を発揮するには至っていない。また仮に、今、効果的な対応策がとられたとしても、すでに若年層の人口が減少しているため、全体の人口回復にはすぐには結びつかない。こうした人口モメンタムのために、二一世紀の大半にわたり人口減少期が続くことが予測されているのである。[*10]

ポスト都市化時代における都市計画の役割

人口減少がこれから都市の物的形態にどのような変化をもたらすのかは、議論が分かれるところかもしれない。しかし今日すでに顕在化している現象から考えると、都市の勢力圏外縁部では、限界集落に見られるように縮退が生じ、都市圏の内部では、空地・空家の増加に見られるように低密度化あるいは多孔質化（スポンジ化）が進むものと考えられる。

都市計画を都市化に応じた物的環境の形成手法と極めて狭く捉えると、こうしたポスト都市化時代の変化に過剰に反応してしまいかねない。減少する人口をかき集めて再都市化を起こそうなどと考えると、手段である都市計画のための都市計画となり、本末転倒となろう。

そもそも都市化時代においても、都市をつくってきたのは、明日の生活をより良いものにしようとする個々人の生のエネルギーとその個々の判断であり、また、都市に集まってきた人々を労働力として受け止め、集積効果を活かして発展していった経済・技術等のあり方であった。都市計画がその歴史的ムーブメントを生み出したわけではない。都市計画は、むしろそうした近代都市を形づくろうとする運動に対して適切な「形」を与えてきたのである。

「形」とは物的形態でもあれば、フォーメーションでもあり、システムでもある。また形を与えるには、そのあるべきよう、すなわちフォルム（形相）を考えなければならない。都市化時代の都市計画は、近代都市のあり方を考え、そのシステムをつくってきたのである。そのことを考えると、私たちが形というものを物的な市街地形態といった狭い意味に閉じ込めておくべき理由はない。ポスト都市化時代においても、人々が真に求めるもの、社会として見れば歴史を突き動かしている動因、そのエネルギーに対して適切な「形」を与えれば良いのである。

情報化・知識化・グローバル化の進むポスト産業社会

今日の歴史的ダイナミズムを理解するには、歴史を眺めるスパンをもう少し伸ばしてみる必要がある。これまで、それぞれ六、七〇年のスパンを持ったものとしてプレ都市化時代ならびに都市化時代を捉えてきたが、このスコープを三倍程度に広げてみると良い。イギリスの産業革命が起きた一八世紀の第Ⅳ四半期から数えて約二〇〇年、わが国の明治維新から数えても約一〇〇年を経た二〇世紀末、資本主義は新たな段階を迎え、それまでの産業社会に代わりポスト産業社会と呼ばれる状況が生じている。今日では情報化と呼ばれることが多いが、当初の議論の中では、たとえば、ダニエル・ベルはこれを「脱工業社会」と捉え、[*11] アルビン・トフラーは、この変革自体を「第三の波」と呼んだ。[*12] これらは、まだパソコンも誕生していない一九六〇年代からの議論であったが、経済活動において情報や知識生産の役割が飛躍的に高まる今日の状況をよくいいあてている。

さらにこの変化は、グローバリゼーション（もしくはグローバル化）と呼ばれる状況と結びついて、[*13] 今や資本主義の限界が垣間見える地点にまで到達しようとしている。[*14] それをどのように乗り越えることになるのかなど想像することもできないが、経済社会のさらに奥深いところからの変革に結びつこうとしているように思われる。

本書では、現在もなお進行中のこの大きな変革の波を「情報化・知識化」と呼ぶことにしたい。ここで注意しなければならないことは、この新しい状況が技術的な変革を契機に立ち現れたものだとしても、歴史的状況は常に総合的なものであり、この言葉が持っている技術的色彩に惑わされてはならないということ。ましてや、身のまわりで起きている情報機器のめまぐるしい発展や情報通信技術の発達に捕らわれていては、歴史の大きなうねりは見えなくなってしまうことであろう。

つまり、ここでいう「情報化・知識化」は、資本主義の今日的状況の反映であり、科学技術の発展やグローバリゼーションなどを伴った変化である。それは、巨大化する金融資本、科学技術への投資の増大、拡大する格差、バブルの発生、さらにはテロリズム、身近には、貧困、いじめ、ひきこもり等々の社会的病理、それらすべてを含み込んだ状況の表現として捉えるべきものであり、特定の側面からのみ捉えて事足れりとすることもできなければ、肯定的・否定的、どちらか一方の受け止め方をすることもできない。[*15]

しかし、いかにそのメカニズムが複雑であり、また歴史的変化に対する軽軽な価値判断は控えるべきだとしても、現実に情報化・知識化と呼ぶべき変化が起きているのであれば、社会・経済的政策の末端に位置づけられる都市計画においては、その変化の良い面においては変化を促進し、その変化のマイナス面においては、それを補うという単純なリアクションをとることになろう。つまり、私たちにできることは、個々人が変化に対してとる反応を皆で語らい、少々の論理的思考を介在させて、効果的・効率的に行うものとでもいえようか。それが、歴史的諸条件の変化を地域という具体的な場において受け止めることになる都市計画の基本的なあり方のように思われる。

情報化・知識化の中での都市計画

すでに身のまわりで顕著になっている変化の中で、直接都市に影響を及ぼしてきているものには、流通の変化や生活時間の変化がある。前者は都市の空間的な構造に変化をもたらし始めている。後者は私たちと身のまわりの環境との関わりに影響を及ぼし始めている。これらを考える限り、情報化・知識化が都市に及ぼす影響は、一見否定的である。

たとえば、すでに商業機能はバーチャルな情報空間に侵食されている。二〇一五年には日本国内の消費者向け電子商取引は四・七五％に達しており、しかも前年比七・六％で増えている。[*16] このような変化は、直接、中心市街地等の商業地に打撃を与えている。

情報テクノロジーは、資本関係を表出しているにすぎないという主張は理解できるが、[*17] 都市計画は、この変化の根本のところから否定するほどの度胸（理論的基盤）を持ち合わせていない。地元商店街から相談を受けたら、一つには、どうしてこの趨勢に乗らないのかというだろう。ネットショップとして参入することも目標となるが、まずはホームページでも作成して少しでも商圏を拡大するよう努力すべきだということだろう。さらにそのためには、広域化に耐えられる商品づくりをする必要がある、顧客管理も大事だ、つまりはマネジメントをしっかりしなければならない等々、地域の情報化・知識化をプロモートするような方向にアドバイスをすることになろう。

しかし、その一方で、こうした趨勢を批判的に捉え、このまちにはもっと魅力があるではないか、それをどうして活かさないのかともいうことだろう。たとえば、何か懐かしさを感じさせるものがあること、人と人の会話があることなど、人間的な時間・空間があること、それがまちづくりの資源だということだろう。そして、町並み保存や地域ブランドづくりなどのモデルを持ち出し、情報化・知識化の趨勢の中で、自分たちが持っているものを現代的価値に転換するための努力を求めることであろう。

生活時間の変化は、都市計画にとってもっと深刻な状況を示しているように思われる。インターネットの利用時間量（国民全体の平均値）は、ＮＨＫの調査から[*18]、二〇〇五年、二〇一〇年、二〇一五年と比べてみると、平日では一三分、二三分、二八分、日曜日では二〇分、三一分、四三分と年々増加している。これは、スポーツの時間量（日曜日平均）が、二〇分、一四分、一六分と推移しているのに比べてかなり大きい。これに、仕事の中でのコンピュータ利用を考え合わせると、非常に長い時間を私たちはバーチャルな空間の中に過ごすようになっていることになる。

このような状況の中で、人々はリアルな環境の素晴らしさや、環境とのふれあいの中で育むべき自然感覚を失ってゆくのではないかと危惧するのである。特に子どもたちにとっては、周囲の自然的環境との生命的接触[*19]が「ふるさと」の形成につながると思われるのだが、各々の人格形成の基盤にそのような生活空間の体験があってほしいと思う。また仲間たちとのリアルな空間における、身体ふれあう遊びが、人間関係形成力の基礎にはあるのではないかと思うのである。とりわけ、リアルな空間に遊ぶ時間の喪失を危惧する所以である。[*20]

こうした危惧は、しかし、都市計画の原罪ともいうべきところに私たちを導く。都市はもともと、大地から自由になろうとする人間の意志から生まれている。一二世紀ヨーロッパ都市を語る堀米庸三氏の言葉であるが、都市とは、「大地の束縛から可能なかぎり離れようとする人々の集団であり、その集団を入れる容器である」[*21]。市場原理に基づく都市がここに生まれているのだ。それ以降、市場が発達するにつれて都市も発達してきたが、この性格は一貫して変わることがなかった。今や人々は、情報化によって自然や農業のみならず、都市という束縛からも解き放たれようとしている。また、距離の隔たりや場所の縛りを、さらには、時間的隔たりまでも無意味にしようとしている。それが、近代都市の本質だとしても、都市計画はそれに反省を加え、何らかの補いをしようとする。

都市計画は、常に二面性を持ったものと捉えられる。一方ではグローバル都市を築きながら、一方では、自然環境を取り戻したり、昔ながらの都市的な賑わい空間をつくりだそうとするなど、情報化・知識化の趨勢にのろうとしながら、かつその流れの中で失ってきたものを償おうとする。ただ、流通の変化に対しての代償策もそうだが、生活空間・時間の変化に対する代償策も、まだシステム（制度）として成功しているわけではない。

情報化・知識化に与えるべき「形」を求めて

情報化・知識化という大きな歴史的うねりの中で、それを促進したり、その欠点を補ったりする試みが、企業や市民の手によって、それぞれに行われている状況は、まだ、私たちが新しい都市計画の模索過程にあることを示しているといえよう。むしろ、この二手の方向に向かう対応が、各々のシステム、あるいは各々のプロジェクトの中で止揚されることを、私たちは求めているのではあるまいか。それは、たとえば、人々のリアルな環境とのふれあいが保障されることによって、バーチャルな世界がより大きく展開してゆくような状況、あるいは人々のリアルな喜びが確かなものとなって、バーチャルな情報に意味が生まれるような状況を要求しているといえよう。

考えてみると、都市化時代の都市計画もそうであった。かつて農村が持っていた良さを取り戻すことで、都市化を可能としたのがハワードの田園都市であり、[*22] その考え方を組み込んだのが都市計画制度であった。それに倣うなら、ハワードの田園都市がそうしたように、リアルな世界と結びついた生の喜びとバーチャルな世界の利便性の両立に新たな「形」を与えれば良いということになる。

新しい時代に実現すべき「形」には、社会的なプロセスや人々の考え方の変化過程といった動的な内容も含まれるかもしれない。そこで都市計画が何らかの役割を果たすとするなら、都市計画自体が情報化・知識化することが条件づけられているということになろう。私たちはまだこの「形」を名づけ得ないが、補うべきものが、近代がもたらした疎外や虚無感といったものに及ぶ時、私たちの歴史的視野はさらにもう一段広げられ、ポスト近代を見据えたものともなろう。

8章　註

＊1　拙稿（2009）「都市計画の近代ののちに―地方からの展望」日本建築学会大会都市計画部門研究協議会資料『共創社会における都市計画の実践―地域が先導する持続的な都市像にむけて』、pp.41-44、の図に基づき、二〇五〇年以降を、国立社会保障・人口問題研究所の推計により追加した。

＊2　河野稠果（1996）『世界の人口』、東京大学出版会

＊3　藤森照信（1982）『明治の東京計画』、岩波書店

＊4　石田頼房（1987）『日本近代都市計画の百年』、自治体研究社

＊5　国立社会保障・人口問題研究所『日本の将来推計人口（平成二四年一月推計）』、中位出生率・中位死亡率を仮定した場合の人口推計（2011-2060）ならびに超長期の参考推計（2060-2110）による。

＊6　『共武政表』による人口五〇〇〇人以上の都市人口比率。鬼頭宏（1983、2000）『人口から読む日本の歴史』、講談社 p.104。またDID（人口集中地区）人口は一九六〇年国勢調査から始まった統計である。このデータの前後はロジスティック曲線にあてはめて推計した。

＊7　小林重敬氏の言葉を借りると「都市型社会」ということになろう。

＊8　大淵寛・高橋重郷編著（2004）『少子化の人口学』、原書房

＊9　フランスでは、一九九四年に一・七三まで低下した合計特殊出生率が、それ以後回復に転じ、二〇〇六年あたりから二・〇前後で推移している。内閣府『平成二七年版 少子化社会対策白書』など参照。なぜフランスで成功しわが国で成功しないのか真剣に考える必要があろう。

＊10　国立社会保障・人口問題研究所（2013）『日本の将来推計人口―平成24年1月推計の解説および参考推計（条件付推計）』、人口問題研究所資料第327号。同レポートは「極端な例として二〇一〇年以降、出生率が人口置換水準に復帰して、以降その水準を保ったとしても、二〇七〇年代頃まで人口減少が続き、当初人口の約八二％に縮小してようやく安定化する」と述べている。p.12。

＊11　ダニエル・ベル著（原著1973）、内田・嘉治・城塚・馬場・村上・谷嶋訳（1975）『脱工業社会の到来 上・下』、ダイヤモンド社。経済は財貨生産経済からサービス経済へと移行し、職業分布は専門職・技術職階層が増え、経済部門で

は第三次、第四次、第五次産業へと重心が移るといった総合的な変化が予測されている。また政治制度では経営（マネジメント）が重要となることも指摘している。

＊12　アルヴィン・トフラー（1980）、徳岡孝夫監訳（1982）『第三の波』、中央公論社。第一の波は農業革命、第二の波は産業革命を意味している。

＊13　グローバリゼーションを国際貿易からの経済的発展として実証的に示すものとしては、柳田侃・奥村茂次・尾上修吾編著（1998）『世界経済―市場経済のグローバル化』、ミネルヴァ書房、参照。社会、政治、経済、文化、環境的各側面を持った総合的な変化として捉え概説するものとしてはマンフレッド・B・スティーガー（2009）、櫻井公人・櫻井純理・高嶋正晴訳（2010）『グローバリゼーション』、岩波書店、参照。

＊14　資本主義の限界を示唆するものとしては、まずそれを史的に限定された文明段階と捉え、①資本蓄積の矛盾、②政治的正統性の矛盾、③地政文化的な課題に含まれる矛盾から限界を迎えようとしていると説くL・ウォーラースティン（1995）、川北稔訳（1997）『史的システムとしての資本主義』、岩波書店。また、資本主義を「資本の無限の増殖を目的とし、利潤を永久的に追及していく経済活動」（p.80）と捉え、そうした無限の連鎖の予想が断ち切られること、ならびにその利潤を保障している差異が失われることに資本主義の危機を認めている岩井克人（2000、2006）『二十一世紀の資本主義論』、ちくま書房。巨大化する金融資本と先進国における利潤率の低下、新興国の近代化などに資本主義の終焉の近さを読む水野和夫（2014）『資本主義の終焉と歴史の危機』、集英社、などがある。

＊15　情報化を技術的にのみ捉えたり、社会経済的な諸矛盾をあたかも自動的に解くかのような手放しでの礼賛に対しては批判がある。ジェファニー・D・スラック、フレッド・フェジェス編（1987）、岩倉誠一、岡山隆監訳（1990）『神話としての情報社会』、日本評論社（原題は *The Ideology of the Information Age*）

＊16　経済産業省『平成27年度我が国経済社会の情報化・サービス化に係る基盤整備（電子商取引に関する市場調査）』
http://www.meti.go.jp/press/2016/06/20160614001/20160614001.html

＊17　ケビン・ロビンス、フランク・ウェブスター（1987）「資本としての情報―ダニエル・ベル批判」、＊15所収 pp.117-147

＊18　『二〇一五年国民生活時間調査報告書』、NHK放送文化研究所（平成二八年二月）より
http://www.nhk.or.jp/bunken/research/yoron/pdf/20160217_1.pdf

＊19　生命的接触の概念は、E・ミンコフスキー（1933）、中江育夫・清水誠訳（1972、1973）『生きられる時間―

現象学的・精神病理学的研究　1、2』、みすず書房

＊20　拙稿（2010）「環境デザインの危機とその依り立つもの」、芸術工学会誌五〇周年特別企画号 p.23

＊21　堀米庸三（1976）『西欧精神の探究―革新の十二世紀』、日本放送出版協会

＊22　E・ハワード、長素連訳（1968）『明日の田園都市』、鹿島出版会

9章　できあがった都市と新たな都市観

都市の内部空間構造理論の意味

都市の内部空間構造には三つのパターンがあると、学校では教わる。バージェスの同心円理論、ホイトの扇形理論、ハリス＝ウルマンの多核心理論である。[*1] これらはいずれも二〇世紀初頭の研究によるものであり、理論を導き出すことになったもともとの現象を離れて、今日では古典的な都市の見方となっている。これらは都市の形態をいうのではなく、人々の行動がつくり出す都市空間の構造化原理を説明するものと理解した方が良い。つまり、一つひとつのパターンが生み出される理由は常識的であり納得できるものであるが、実際の都市の形態のうちに明確に見て取れるようには現象しておらず、様々な現象の背後に因子として読み取られるものとしてある。[*2]

しかし、現実がどの程度そのようになっているか、どの程度そのようなパターンにあてはめて捉えて良いものかどうかは、現実的判断を行う都市計画においては、慎重に考えなければならない。たとえば中心対郊外という見方、郊外住宅地によって支えられている中心の商業・業務地区、両者をつなぐ振り子型の交通というイメージは、同心円理論や扇形理論が頭にあると、何の疑いも持たずに受け入れてしまいかねないが、地方都市の現実を捉える見方としては、あまりに荒っぽい上に時代遅れのように思われる。

手元資料による空間構造の理解

都市の研究はごまんとあるし、統計データも巷にあふれている。しかし、身近な都市がどのような空間構造を持っているのか、説明する資料を目にすることはまずない。行政では計画書も数多くつくっているが、分析はたいがい断片的であり、あるいはせいぜいその計画が関わる範囲の現象の説明にとどまっており、その構造的理解にまでは至らないのが普通である。

私は決して難しいことを求めているわけではない。現実に都市がどのような形態をとっており、そうした形態をつくり出している空間的原理は何か、つまりはその都市の人々の行動特性は何なのかということを知りたいのである。そうした理解は都市計画的判断やこれからの都市計画を考える上では重要な空間的条件と思われる。

幸い、ネット上に公開されているデータを組み合わせれば、かなりの情報を読み取れる。試しに、平成二二年（二〇一〇）ならびに一七年（二〇〇五）の国勢調査の小地域統計を使ってみたい。そこから人口、世帯数、就業人口、就業地、通勤手段などがわかる。また平成二一年（二〇〇九）の事業所統計から、事業所数、産業分類別の従業者数を知ることができる。これらのデータは、町丁目単位で示されている。地区の面積は、ネット上に公開されているものを用いた。[*3] また地価は、路線価と[*4]公示価格・基準価格[*5]が公開されており、主に前者を用いた。

市街地の質、つまり道路網の状態や建物の建て詰まり具合、密度は、その形成時期と形成手法によるので、事例とした山形市の市内を、図9・1に示すように、ゾーンⅠ（中心市街地）とそれをとり

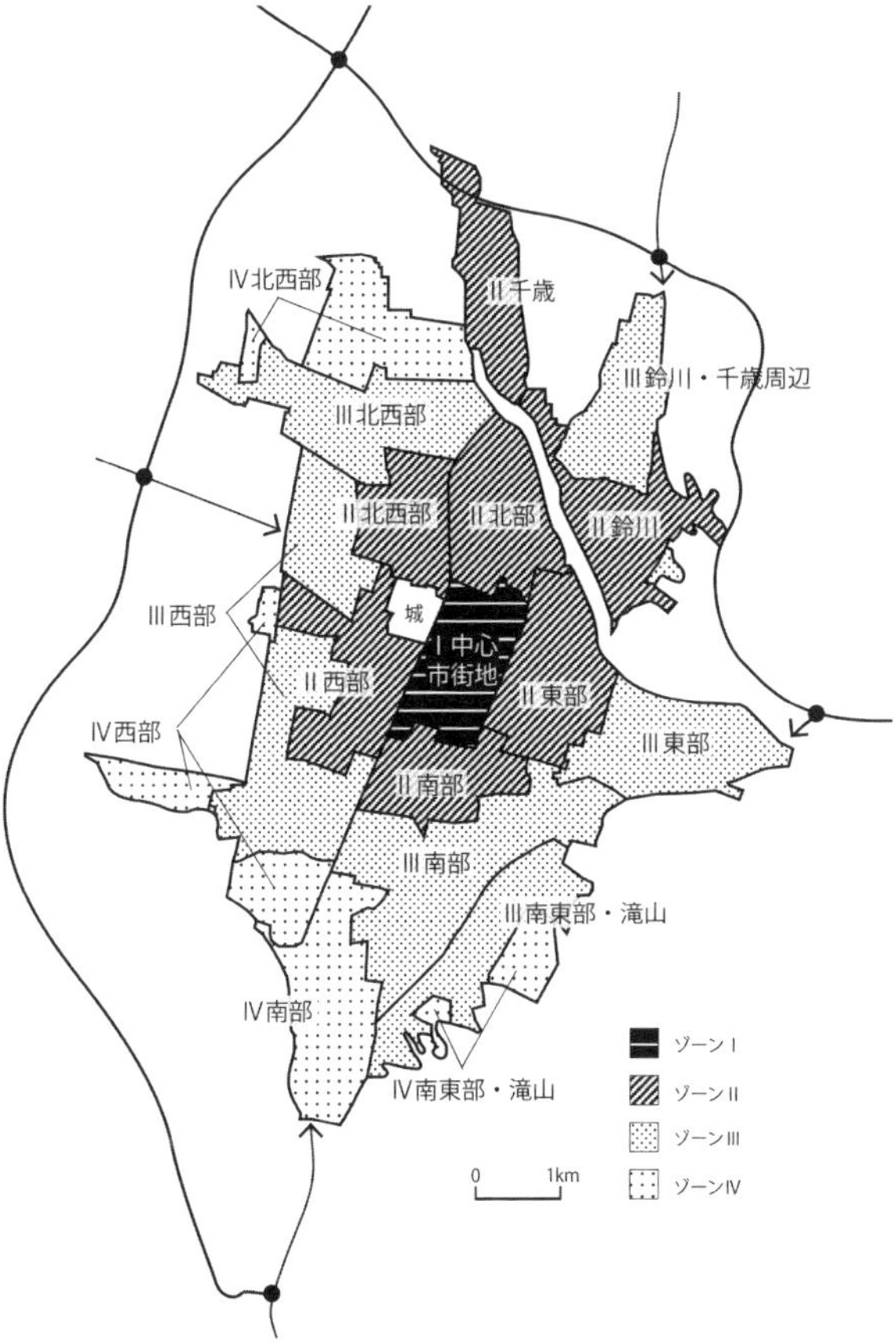

図9.1　山形市市街地の仮のエリア、ゾーン区分

まく四つのゾーンに区分し、またそのゾーンを東西南北などのエリアに分け、それに従って町丁目単位のデータを集計した。[*6] ここで中心市街地とは、『山形市中心市街地活性化基本計画』に定める範囲を覆う町丁目の集まりである。[*7] ゾーンⅡは、『山形市都市開発基本計画』（2章で見てきた）がつくられた昭和四三年当時、すでに既成市街地もしくは集落であった範囲を含む現在の町丁目である。Ⅲは昭和四五年に市街化区域が設定された時点で市街化区域に入っていたゾーン、ゾーンⅣは現在の市街化区域となっているエリアのうちⅢの周辺にあって連担している部分、ゾーンⅤはその他である。[*8]

	H 運輸業, 郵便業	I 卸売業, 小売業	J 金融業, 保険業	K 不動産業, 物品賃貸業	L 学術研究, 専門・	M 宿泊業, 飲食サービス業	N 生活関連サービス業,	O 教育, 学習支援業	P 医療, 福祉	Q 複合サービス事業	R サービス業	S 公　務
												市総計
%	5.48%	23.51%	3.80%	2.49%	2.52%	8.38%	4.38%	4.98%	10.87%	0.68%	9.62%	3.85%
												ゾーンⅠ＜中心市街地＞
5	0.66	0.74	3.32	1.44	0.95	2.03	1.04	0.44	1.04	1.74	1.17	1.53
												ゾーンⅡ＜S43時点既成市街地＞
7	0.29	0.67	0.73	1.55	1.24	1.29	0.99	4.20	1.00	0.78	1.17	1.34
%		0.94	1.60	3.13	0.89	0.48	1.91	1.57	0.63	0.78	0.40	3.66
2	0.57	0.71	0.79	1.18	0.57	0.73	1.08	0.97	1.11	0.81	2.99	0.11
%	1.66	1.01	0.16	1.62	1.46	0.95	2.42	0.81	0.35	1.15	0.61	−
%	0.15	1.19	1.09	1.13	1.09	0.48	1.07	1.02	0.85	0.61	0.68	−
	0.34	1.09	0.65	2.55	1.04	0.48	1.31	0.86	0.59	1.77	0.79	−
%	0.25	0.90	0.03	0.38	1.43	0.23	1.09	0.02	3.79	1.41	0.95	−
3	0.49	0.88	0.81	1.58	1.02	0.78	1.34	1.72	0.94	0.87	1.37	0.76
												ゾーンⅢ＜S45時点市街化区域＞
7	0.14	0.92	1.49	1.15	1.40	0.34	0.36	0.61	0.51	0.24	0.66	7.93
%	0.35	1.28	0.35	1.39	1.46	1.00	1.95	0.95	0.57	0.28	0.99	0.69
%	0.42	1.65	0.38	2.44	1.56	0.77	1.21	0.45	0.71	1.20	0.84	−
%	0.40	1.26	0.86	0.85	1.30	1.23	1.02	0.94	1.06	0.19	0.92	0.10
4	1.83	1.08	0.25	1.04	1.50	0.76	1.50	0.65	0.75	0.85	0.61	0.83
%	0.08	1.57	0.60	1.02	0.85	1.01	1.31	0.86	1.49	0.23	0.25	0.11
1	0.47	1.23	0.72	1.21	1.35	0.87	1.23	0.79	0.80	0.38	0.77	2.00
												ゾーンⅣ＜現在市街化区域＞
5	1.64	1.06	0.21	0.65	1.46	0.75	0.61	2.27	1.86	1.55	0.58	0.13
%	−	0.45	−	1.96	0.59	0.51	1.11	11.06	0.57	−	0.09	−
%	0.52	1.80	0.18	0.64	0.58	1.60	1.68	0.66	1.36	2.77	0.15	−
%	0.01	2.70	0.48	0.16	0.79	1.48	0.84	0.60	0.28	−	0.16	−
1	0.98	1.55	0.26	0.59	1.09	1.08	0.89	1.95	1.34	1.36	0.38	0.07
												ゾーンⅤ＜その他：飛び市街化区域・調整区域など＞
4	2.04	0.89	0.13	0.24	0.69	0.61	0.56	0.76	1.10	1.07	1.00	0.23

中心市街地の中心性と満遍なく分布する事業所

中心市街地には、事業所従業者数にして一八・〇%が集まる（表9・1）。これが働く場所としての集中度である。近年の衰退傾向を反映したこの値は高いとはいえない。ゾーンⅡでは二〇・五%、ゾーンⅢでは二四・九%、ゾーンⅣでは七・九%、ゾーンⅤでは二八・八%の人が働いている。働く場所は市内至るところにあると考えた方が良い。町丁目単位ごとに、働く場所として、あるいは逆に住む場所として、どの程度特化しているかを知るために、地区内事業所従業者数／（地区内事業所従業者数＋常住人口のうちの就業者数）を計算してみる。すると、平均で四五・三%。標準偏差（σ）が二二・一ポイントなの

表9.1 ゾーンごとの特徴（国勢調査2005、2010年、事業所統計2009年より）

	人口 H22（国勢調査）	世帯数 H22（国勢調査）	事業所従業者数 H21（事業所統計）	人口増減率 H17〜22	世帯数増減率 H17〜22	事業所従業者数／就業人口＋事業所従業者数	通勤手段 自宅従業率：自宅で従業する人口／就業人口	自動車通勤率：自動車利用者数／通勤人口	徒歩通勤率：徒歩のみで通勤／通勤人口	自転車利用率：自転車利用者数／通勤人口	事業所従業者数（ A〜B 農林漁業	D 建設業	E 製業
市総計	254,244	96,560	140,484	−0.7%	3.1%	53.9%	11.6%	77.9%	6.6%	10.1%	0.34%（市全体での構成比）	6.82%	9
ゾーンⅠ<中心市街地>	3.6%（占有率）	4.6%（占有率）	18.0%（占有率）	0.2%	5.5%	85.4%	18.4%	45.1%	29.6%	17.0%	（特化係数）0.20	0.16	
ゾーンⅡ<S43時点既成市街地>													
東部	4.7%	6.1%	4.6%	−4.7%	−0.7%	55.7%	12.8%	53.8%	16.3%	24.4%	1.85	0.31	
南部	3.7%	4.1%	2.4%	−3.5%	−1.1%	43.7%	8.9%	64.2%	9.6%	19.8%	−	0.54	
西部	4.6%	5.3%	5.4%	2.4%	8.6%	57.2%	10.1%	64.2%	13.3%	15.4%	−	0.72	
北西部	2.9%	2.9%	2.7%	−3.4%	−0.5%	51.9%	14.1%	74.6%	5.8%	14.1%	0.45	1.55	
北部	4.2%	4.5%	3.6%	−4.5%	−1.0%	50.1%	14.7%	69.4%	9.7%	14.4%	−	1.50	
鈴川	4.0%	3.8%	1.0%	−5.7%	−2.5%	22.3%	9.1%	82.3%	3.6%	8.6%	1.09	2.75	
千歳	2.2%	1.9%	0.7%	−5.1%	−0.5%	27.8%	10.2%	82.9%	3.1%	6.7%	−	1.29	
○計	26.2%（占有率）	28.7%（占有率）	20.4%（占有率）	−3.4%	0.6%	48.1%	11.4%	68.8%	9.5%	15.5%	0.53	0.97	
ゾーンⅢ<S45時点市街化区域>													
東部	4.6%	5.5%	5.3%	−0.9%	2.4%	58.0%	6.3%	70.5%	9.4%	13.8%	0.59	0.90	
南部	7.3%	8.1%	6.5%	−1.1%	1.2%	51.3%	7.5%	76.2%	5.5%	12.9%	0.06	2.02	
南東部・滝山	3.9%	4.4%	1.8%	−0.1%	3.7%	36.4%	7.8%	84.0%	3.5%	8.0%	−	1.70	
西部	8.9%	9.1%	5.5%	0.6%	3.9%	41.3%	7.1%	78.4%	4.6%	12.0%	−	1.23	
北西部	5.7%	5.6%	3.0%	−0.2%	3.6%	37.3%	7.6%	83.0%	3.8%	8.5%	−	1.17	
鈴川・千歳周辺	3.2%	3.2%	2.8%	−0.3%	2.1%	49.7%	7.2%	82.9%	4.6%	7.1%	−	2.43	
○計	33.7%（占有率）	36.0%（占有率）	24.9%（占有率）	−0.3%	2.8%	46.3%	7.3%	78.7%	5.2%	10.9%	0.14	1.53	
ゾーンⅣ<現在市街化区域>													
南部	3.7%	4.3%	4.2%	0.7%	3.7%	56.7%	5.0%	76.6%	8.4%	10.4%	0.10	0.80	
南東部・滝山	1.2%	1.3%	0.3%	105.1%	97.9%	26.7%	5.7%	87.8%	2.5%	6.0%	−	1.68	
西部	2.0%	1.8%	1.5%	199.5%	229.7%	47.8%	7.1%	75.0%	3.0%	6.1%	−	0.45	
北西部	2.0%	1.9%	1.8%	71.3%	76.4%	49.9%	4.5%	88.0%	3.3%	5.6%	−	1.00	
○計	8.9%（占有率）	9.4%（占有率）	7.9%（占有率）	45.3%	44.8%	50.9%	5.4%	80.4%	5.3%	7.8%	0.05	0.82	
ゾーンⅤ<その他：飛び市街化区域・調整区域など> ○計	27.6%（占有率）	21.4%（占有率）	28.8%（占有率）	−8.2%	−5.5%	54.6%	18.1%	89.2%	3.1%	3.5%	2.84	1.14	

（Cは省略）

で、ばらつきはあるものの、どの町丁目単位も、自宅で従業する人（平均で一一・六％）だけではなく、地区内に事業所を立地させており、働く機能と住まう機能とをバランスよく併せ持っていることがわかる。

しかし、この値をゾーン別に見ると、中心市街地が八五・四％であるのに対し、他はみな五〇％程度であり、中心市街地だけが働く場所として特化しているのである。

通勤によって生じる振り子型交通

山形市の場合、中心市街地の人口が市の人口に占める割合（ここで、市の総数に占める割合を占有率と呼ぶことにする）は三・六％にすぎない。したがって従業者数と区域内居住の就業者数の差などから考え、他のゾーンから流入する通勤人口が二一、〇〇〇人から二九、〇〇〇人の間あることはわかるが、それ以上は以上のデータからはわからない。中心市街地に至る七つの幹線道路の交通量調査によると、朝の七時台、八時台にこれらを通過する断面交通量が合計七、七二二台あるが、[*9] その他のルートもいくつか考えられるので納得のゆく数字であろう。

居住者側のデータから見るが、中心市街地だけは、徒歩だけで通勤している人の割合が約三割、二九・六％と極めて高く、中心市街地では職住近接の人が多いものと見られる。中心市街地の周辺には他にも、ゾーンⅡの東部（徒歩通勤率一六・三％）、西部（一三・三％）と比較的徒歩通勤率の高いエリアがある。また自転車通勤をしている人についても、ゾーンⅡの東部（二四・四％）、南部（一九・八％）と、ゾーンⅡに幅広く自転車通勤率の高いエリアが広がっている。これらから、中心市街地の徒歩通勤圏ならびに自転車通勤圏、それぞれの広がりがうかがえる（表9・1）。

通勤におけるバスの利用割合は、全市で二・四％（平成二二年国勢調査）である。山形市の調査によると、市内の全バス停の乗降客数のうち四一・九％（六、五六四人）は中心市街地のバス停によるものであり、[*10] バス交通も中心市街地の活動を支える後背地の形成に寄与しているものと見られる。ただし、同調査では、通勤通学目的の利用者は三四・三％なので、一、〇〇〇人少々ということであろうか。量的にはあまり大きくはない。

市内全体では、通勤での自動車利用者は七七・九％にのぼる。中心市街地の四五％を例外として、Ⅱゾーンでも七割、Ⅲ、Ⅳゾーンではほぼ八割、Ⅴゾーンでは九割となっており、これらのゾーンに住む人々はかなり広い範囲に通勤しているものと思われる。通勤手段に関わりなく通勤に割ける時間は限られていると思われるので、極めて大雑把な数字であるが、男性で四〇分程度、女性で三五分程度で行ける距離[*11]、つまり、男性で一七㎞、女性で一五㎞あたりが自動車での平均通勤距離となろうか。[*12]全市の平均で一五％が市外への通勤となっていることを考えると納得のいく値であろう。

ハイブリッドな中心市街地と自動車型都市との結合

このように見てくると、都市が中心市街地とそれをとりまく郊外住宅地からなり、両者を通勤の振り子型交通が結ぶという構図があまりに単純化されているし、昔のものであることがおわかりいただけよう。昭和四三年時点に形成されていた中心市街地は、その当時は周辺市街地に住む人々が徒歩や自転車で通勤することによって支えられていたが、徐々に自動車通勤者も増え、今では、中心市街地は、徒歩にも、自転車にも、自動車にも、そして多少は公共交通にも、支えられたハイブリッドな地区になったものと見られる。しかし、いまだもって中心市街地と近傍住宅地との徒歩や自転車による結びつきがうかがえるところが興味深い。

これに対し、中心市街地以外のすべてのゾーンは、自動車交通によって支えられ、その商業・業務機能は満遍なく分散的に分布しており、それぞれの居住者は自動車通勤できる範囲に確率的に分布しているものと見られる。したがって、通勤交通は様々な方向性を持ったアモルフォス型になっているものと考えられる。[*13]

中心市街地とその他のエリアの機能

では、このようにして支えられている中心市街地の機能とは何なのであろうか。ゾーンやエリアによって立地している事業所の種類に違いがあるかどうか、産業別構成比から特化係数を求めてみる（表9・1）。山形市の中心市街地で最も高い特化係数を示すのは金融業・保険業である（特化係数三・三二、市全体に占める割合は五九・七％）。これに続くのが、電気・ガス（特化係数二・一九）、宿泊業・飲食サービス業（二・〇三）、複合サービス事業（一・七四）となっている。市役所が位置することと合わせて、中心市街地がなお、市の経済の中枢を担っていることがわかる。

エリアごとには、少々規模の大きな事業所が立地するとその影響が出るので、たとえば県庁の位置するⅢ―東部エリアの公務、山形大学の位置するⅡ―東部エリアや東北芸術工科大学の位置するⅣ―南東部・滝山エリアなどでは教育・学習支援業の特化係数が高くなっている。ただし、これら特化したエリアの分布には規則性がなく、ゾーンにまとめてみると、ⅡからⅣゾーンでは、いずれも際立った傾向がないのが特徴である。ゾーンⅤには工業系の用途地域や市街化調整区域が含まれるので、製造業や農林業の事業所が多くなる。

居住者の職業別分類を特化係数にして地区ごとに見てみると、ここでは表を示さないが、人々の居住地はさらに混じり合い、特に特化したゾーンもエリアも少なくなる。その中で例外的に二つの特徴が見られる。一つは中心市街地に管理的職業従事者が高い割合で暮らすこと（特化係数一・二二）。それに隣接するゾーンⅡの東部エリア（同一・五八）でも比較的高い値となっている。もう一つはゾーンⅣ全体に専門的・技術的職業従事者の割合が高いこと（ゾーン全体で一・五五）。これは開発の新しい地区なので、近年戸建て住宅を買い求めた層に、そうした比較的収入の高い層が多かったということであろう。

郊外新市街地の均質性と空間特性

しかし、このようにゾーン間に多少なりとも違いがあるのであれば、ゾーンⅠからⅤまでに同心円構造が認められるのではないかという意見もあろう。それは否定するものではないが、その意味と強度については丁寧な説明が必要となる。ⅠとⅢ・Ⅳとの間には明確な違いがあり、Ⅱはその中間的な性格を持っているが、それは平均をとって見ているからであり、ここには二タイプの原理しかない。一つは中心市街地を核に展開する空間行動で、その内容は中心市街地からの距離に影響を受ける。その意味で同心円構造を形成しようとする原理である。もう一つは、少なくとも居住―就業地関係に関する限り、中心市街地とは関わりのない空間行動であり、同心円構造をとらない。ゾーンⅡは両者のせめぎ合いを示しているだけで、前者の影響はあまり広い範囲には及んでいない。

このことは、住宅地の密度構造と地価の分布によっても確かめることができる。各エリアから住宅地（Ⅲ、Ⅳゾーンでは土地区画整理事業で形成された住宅地）を一つ選び、その町丁目の世帯密度を比べると（表9・2）、二四世帯／ha前後で、Ⅱ、Ⅲ、Ⅳゾーンの間に差がないことがわかる。[*14] また、

表9.2　住宅地の密度と地価[*14]

山形市町丁目データ・ブロック集計

エリア	町丁目単位	用途・建蔽率・容積率	世帯密度（町丁目単位）	地価（路線価）	区画整理地区名	事業期間
ゾーンⅠ＜中心市街地＞						
	木の実町	商業80/400,500,600	52.6	47,700		
	十日町4	商業80/400,500,600	62.3	59,400	十日町	H7-19
○平均			57.4	53,550		
ゾーンⅡ＜S43時点既成市街地＞						
東部	東原1	第一種住居、第二種低層住専60/200	39.6	43,600		
南部	三日町1	近隣商業80/200、第一種住居60/200	28.8	45,900		
西部	城西町2	第一種住居60/200	24.5	31,000		
北西部	下条町1	第一種住居60/200	23.4	32,900		
北部	薬師町1	近隣商業80/200、第一種住居60/200	19.3	39,700		
鈴川	双月1	第一種住居60/200	12.6	23,800		
千歳	千歳2	第一種住居60/200	20.5	27,800		
○平均			24.1	34,957		
ゾーンⅢ＜S45時点市街化区域＞						
東部	小白川町5	第二種中高層60/200	26.7	37,000	小白川	S35-49
南部	青田1	準工業60/200、第二種低層住専60/150	22.3	37,400	青田	S46-51
南東部・滝山	平清水2	第一種低層住専50/100	26.5	36,900	平清水	S63-H5
西部	城西町5	準住居60/200、第二種住居60/200、第二種低層住専	21.8	36,700	城西	S42-47
北西部・北部	江俣3	第二種低層住専60/150、第一種住居60/200、第二種中高層	22.9	30,900	江俣	S46-51
鈴川・千歳周辺	花楯1	第一種住居60/200、第二種住居60/200	25.2	34,300	花楯	S43-47
○平均			24.2	35,533		
ゾーンⅣ＜現在市街化区域＞						
南部	桜田西1	第二種住居60/200、第二種低層住専60/150	30.7	36,400	蔵王桜田	S53-62
南東部・滝山	上桜田1	第一種低層住専50/100	24.8	33,300	芸工大前	H10-18
西部	吉原2	第一種住居、第二種中高層60/200	15.0	37,100	吉原	H6-18
北西部・北部	嶋南2	第一種低層住専50/100、第二種中高層60/200	19.4	31,800	嶋	H10-21
○平均			22.5	34,650		
ゾーンⅤ＜その他：飛び市街地・調整区域＞						
○計	すげさわの丘	第二種低層住専50/100	4.7	18,800		

その地価（路線価）もほぼ同じである。すなわちその場所の経済的な評価が、ごく近くを除いては、中心市街地からの距離に影響されていないことがわかる。[*15]

郊外新市街地では「すむ」機能と「はたらく」機能は混合しているが、詳細に見ると事業所は街区の皮部分、すなわち幹線道路沿いに立地している。これは用途地域がそうなっているからというだけではなく、それに適した区画の宅地が供給されたからでもある。町丁目はたいがい、街区の皮とあんこ（つまり外側部分と内側部分）両方をひとまとめにしているので、町丁目単位の統計では、両機能の混合した値が出ることになる。

商業・業務用地の方が住宅用地よりも高値となるのは当然であるが、主要な幹線道路沿道の路線価でその街区内部の住宅地の路線価とあまり変わらない場合もある。通過交通の多い幹線道路沿道は、一方の車線からしかアプローチできず、住宅はもちろんのこと、小規模な小売商業の立地にも向かないからであろう。加えて沿道の区画整理が行われておらず、宅地の地形《じがた》が良くない場合もある。むしろ、幹線道路から一歩脇に入った、都市内幹線道路程度の道に小売商業機能は張り付きやすく、地価が周辺より高い通りができている。郊外の新市街地は一見、均質に広がっているように見えるものの、街区の外側と内側では機能も景観も異なるし、またこうした広がりの中のところどころにロードサイドショップが比較的多く人を集める場所を形成しているのである。

中心市街地には高層建築が集まっており、他のゾーンとは景観も異なれば、その地価は著しく高い（表9・2）。しかし、これは中心市街地の商業地域にのみ四〇〇％から六〇〇％といった高い容積率制限がかかり、その他の広い範囲には、建蔽率制限六〇％、容積率制限二〇〇％等*16の制限がかかっていることから生じたコントラストである。山形市の場合、高度地区の制限がこれに加わっており、中心市街地の容積率五〇〇ないし六〇〇％の商業地域では無制限なのに対し、その他では一五ｍから四五ｍの制限が用途地域に応じてかかっており、容積率制限を補完している。中心市街地の地価は高いが、容積率で割ると郊外の新市街地とほぼ同じ値となる。

郊外は郊外ではなく何と呼ぶべきか

こうして見ると中心市街地とその他の市街地では、成り立ちも異なれば、機能も景観も異なり、そして構造化原理が異なることがわかる。しかし、この中心市街地以外のゾーンをまとめて何と呼ぶべきであろうか。またそのシステムを何と呼ぶべきであろうか。

これまでは、歴史的経緯から中心市街地に対してその郊外と呼んできた。中心市街地には都市発生の歴史的核があり、近代・産業社会段階では、歴史的市街地をつくり変えるとともに、そのまわりに郊外市街地を発達させた。その範囲に今でも、中心=郊外関係の名残をとどめているのである。しかし、郊外の方は、都市化時代に大きく成長し、また今では自立もしており、「郊外」という付随物のような名称では表現し難いものとなっている。それは、至るところに就業地があり、至るところに居住地があり、両者はバランスがとれている。どこが中心ということもない。どこにでも様々な機能が立地可能である。[*17] パーソナルな自動車交通に支えられており、通勤交通はアモルフォス型となっているものと見られる。そして、中心市街地ではなくこちらの方が、都市の主体部であって、事業所従業者数では市の五三・二%を占めている。

これが都市化時代に建設してきた「都市」の実像であり、私たちが固定観念として持っている中心対郊外という伝統的都市イメージの方を変えるべきである。実態は、形態としては網状市街地であり、機能からすれば「すむ」「はたらく」機能がどの部分をとっても混合しバランスをとっている混合市街地である。支える交通からすれば、自動車型市街地である。この今日的な都市のシステムを、その

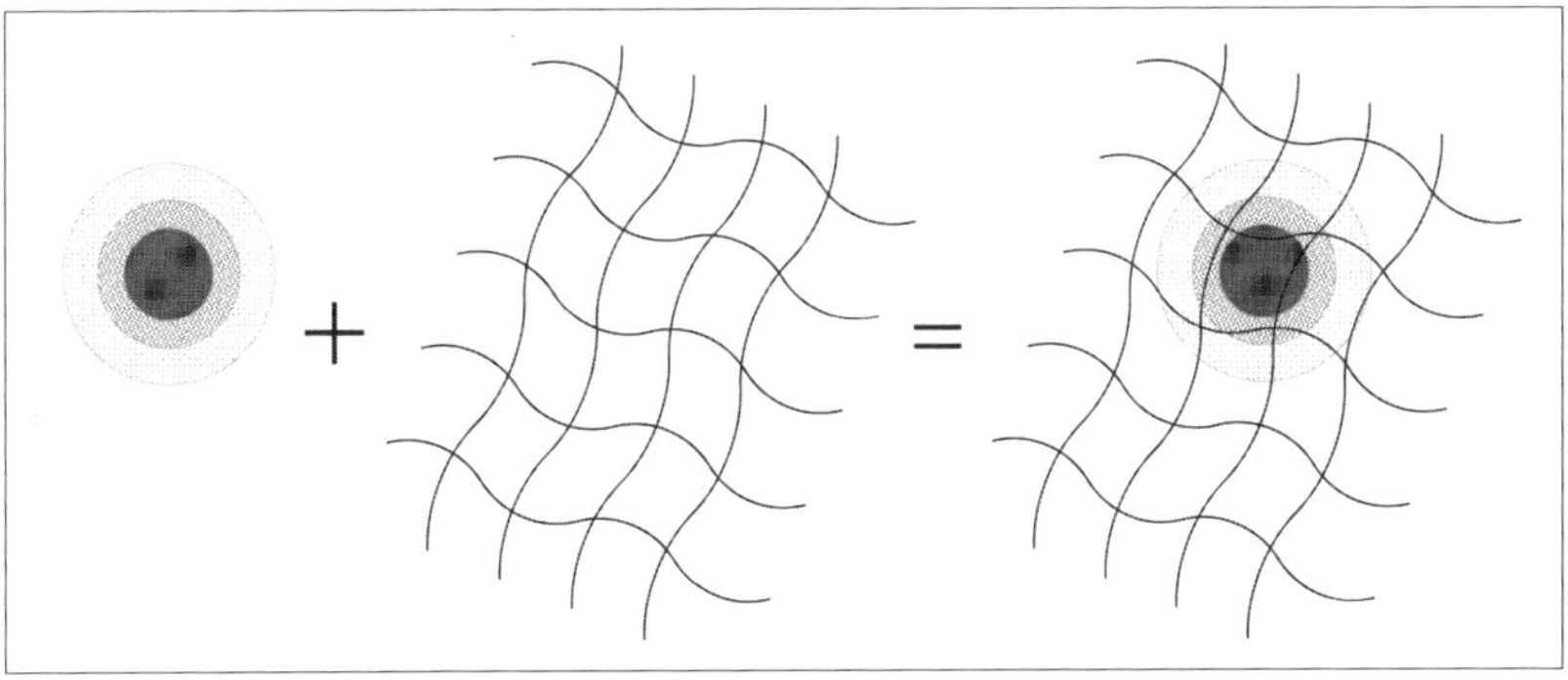

図9.2 単一中心システムと網状システムの合体した現代の地方都市

構造化原理に着目して、網状都市システムと呼んではどうかと思う。それは従来の単一中心システムに対するものである。

大都市圏は、地下鉄網と結びついた郊外鉄道網を発達させ、巨大な都心エリアと広大な郊外市街地を発達させた。その都心は、地方ブロック圏から全国あるいはグローバルに広がる交流圏の中に成立している。そこでは、日常の通勤行動だけを見ると、昔ながらの中心対郊外という図式が有効に思えようが、しかし、地方都市を、そのアナロジーで見ることは適切ではない。また大都市圏自体も、その中心は多数のサブセンターを従えたネットワークを形成している上、都心部はブラウン運動型の交通を盛んにし、かつダイナミックに新たな中心を生み出しながら発展してきており、静的なモデルにあてはめて捉えることは、この場合でも部分的な妥当性しか持つまい。ましてや、以上見てきたように、地方中核都市クラスの都市では、従来型の単一中心システムと自動車交通に支えられた網状都市システムとが合体したような状態となっており、そして後者の方が人口でも就業人口でも比重が大きくなっているのである。概念図にすれば図9・2のようになろう。

網状都市システムの位置づけ

ここで具体的に見てきた網状都市システムは、近代に形成された郊外市街地の中でも、計画的に開発エリアが限定されかつインフラストラクチャが整備された、日本的事例といって良いかもしれない。網状都市システムは都市内部の空間的骨格が網状であるのに加え、市街地の拡大と人々の行動範囲の広がりから、都市間のつながりを強め、さらに大きな地域的ネットワークを形成していると見られる。マクロにも網状のネットワークのうちに発展しているのである。

都市的エリアの拡大とネットワーク化、そしてスプロール市街地の形成も加わって進行した新たなタイプの市街地形成は、現代的な現象であり、そうした都市ともいいがたければ田園ともいえない人工的環境をどのように評価し、どのように扱ったら良いのか、都市計画においては前々からの課題であった。[*18] これを現代都市の現実だとして、「間の都市（Zwischenstadt）」と名づけたのはトマス・ジーバーツ氏である。[*19] ジーバーツ氏は、しかし、この環境が構造と社会的なまとまりを失い、文化的に豊かな景観をつくり出せずにいることを認め、この「間の都市」を理解できるようにすることがまず必要と説く。そしてその発展のためにデザインや広域計画の役割を説くのである。都市の現実から都市計画を組み立て直そうとする一つの議論と理解できる。ジーバーツ氏の「間の都市」と比べると、私たちの網状都市システムは、その一種であっても、計画的に形成された網状のインフラストラクチャを持つ計画的モデルといえよう。

ニュータウンの中でもミルトン・ケインズ[*20、21]（一九六七）は、いち早く網状都市の理念を計画的に物象化して見せた先駆的事例であろう。ニューシティと呼ばれたミルトン・ケインズは一㎞ピッチで張り巡らされたまさに網目状の幹線道路網を持ち、自動車交通に支えられている。この構造は、ニュータウンが建設途上であっても都市として機能し、また将来の拡大にも対応できるという利点を持っている。人々の活動は近隣住区単位に閉ざされることなく、各種のサービスに選択の可能性が生まれ、サービス間で競争も生まれる。ただし、この都市の場合、商業機能は賑わいを生み出すためにセンターにまとめられ、ショッピング・モールを形成した。道路のゆとりや緑の豊かさなどわが国と比べるべくもないし、機能混合という点では異なるが、網状都市システムの原理で、今日的都市空間がつくられることを実証して見せている。

現実を、単一中心システムと捉えるか、それとも単一中心システムと網状都市システムとの合体と捉えるかによって、都市がどのようにあらねばならないのかという価値観にも関わり、都市に対する対応方針も異なってくるものと考えられる。私たちは、現実に目を見開くとともに、この現実から出発してポスト都市化時代のあり方を考える必要があろう。

都市計画を考える上での空間的条件

観念的には、現状がいかにあろうと、将来に向けて取り得る行動は多様である。これからのポスト都市化時代に、単一中心システムに戻るべきだという主張も、網状都市システムにすべて移行すべきだという主張も、さらに第三の都市システムを構築すべきだという主張も考えられる。しかし、これからの制度のあり方を考えるという本書のねらいからすれば、最も現実的で効率的な政策をとるべきとの観点から、これまでに形成されてきた都市構造は、これからの都市や都市計画を規定する一つの条件であることを強調しておきたい。中心市街地の城下町の歴史的骨格や、プレ都市化時代に形成されたパターンがいまだに失われずに残っているように、都市はそう簡単に変化するものではない。歴史的存在なのである。

したがって、中心市街地活性化は、単一中心システムを活かすという観点に立つべきと思うのだが、そうはなっていない。もともと自動車交通に対応していない中心市街地を自動車交通に対応させるのに、網状都市システムを形成するための道路事業という手段で対応しようとしてきた。すると、歩行者には退屈な道ができ、特に中心市街地周辺部では、郊外のような景観となる。中心市街地が網状都市システムに侵食されたように映る。中心市街地全体に自動車の流れは良くなるが、無料の駐車場はないので、中心市街地の活性化にはつながらない。アクセシビリティを高めるためにはそこまで面倒を見るべきだったのだろう。あるいはまた、このプレ都市化時代に形成された単一中心システムは、周囲の市街地と徒歩交通や自転車交通で結びついていたのであるから、そのネットワークを再生・拡充すべきでもあったのかもしれない。

中心市街地を支えてきた周囲の低層高密な市街地を、その魅力を活かしながら機能を向上させるという手法もありそうでない。その路地などは残しながら、融雪などの機能を加え、周囲の建築物・工作物をきめ細かく調整して、密度ならびに景観の向上を図れないかと思うのだが、必要な建築コントロールの複雑さ、公共施設の設計基準の柔軟化、権利の移転、実施過程の長期化などが考えられ、現行制度の下では困難であることがわかる。[*22]

しかし、何よりも今日の中心市街地を苦境に陥れているのは、この中心が全市の中心でなければならないという過大な期待ではないかと思われる。その高い地価を負担できる機能を生み出すかあるいは誘致する必要がある。しかし、中心市街地が提供できる便益は、そのアクセシビリティが相対的に高いわけではないことを考えると、中心市街地にあるというプレスティージ、新幹線等による首都圏からのアクセシビリティ、そして職住近接環境があることであろうか。

ただ、歴史的核として町のシンボルとなること、教育や文化面で中枢的機能を持っていること、祭や様々な現代的なイベントが可能であること、などを活かし、これからの時代に精神的な拠り所となるとともに市民相互のつながりを生み出す場となることが期待されるのではなかろうか。単一中心システムの再生を図りながら、そのあたりに新たな可能性が見出せよう。

一方、網状都市システムはこれまで拡大を続けてきたが、すでにその拡大は止まっている。今後もその特徴を活かしながら健全に機能するよう保つことが重要であろう。自動車交通による利便性が身上であるから、まずは交差点改良などを行い、局地的に生じている渋滞は解消すべきであろう。また、人口減少とともに空地・空家の発生が点々と見られるようになっているが、空隙地は市街地の質の向上で吸収するのが適切であろう。空地になった隣地を買い足して、広い宅地としたり家庭菜園を設けることは、生活の向上となり、地区の環境も向上させよう。特に子どもの遊び場やささやかな自然に触れる場とすることは、子育てを支援する環境づくりとしても重要であるが、制度的な支えを得ながら土地の売買を介さずに実現する方法を工夫する必要があろう。網状都市システムの下層には、自然のネットワークがあり、ところどころでそれが顔をのぞかせる。そういったところを活かしてゆくのも課題であろう。

都市は、それが形成されたそれぞれの時代を歴史的遺産等として物的に残しているだけではなく、その形態自体が原因となってシステム的特徴をも引き継いでいると考えられる。都市は積層するかのように形成されてきており、自ずと歴史的アプローチを要求する。したがって、物的痕跡を残すだけではなく、そのシステム自体を再生したり、その特性に合った機能や環境の維持向上の方法が考えられてしかるべきであろう。そのような観点からも、都市化時代を経た今、できあがった都市を直視する必要がある。

9章　註

＊1　バージェスの同心円モデル（一九二五）、ホイトの扇形モデル（一九三九）、ハリス＝ウルマンの多核心モデル（一九四五）、をいう。

＊2　都市を細かな単位に区分し、その社会経済的なデータに対し多変量解析、たとえば因子分析を行って得られる各因子の因子得点分布に、同心円・扇形・多核心といったパターンが読み取れることからも、現実の都市空間はこれらパターンを合成したものとして理解される。坂本英夫・浜谷正人編著（１９８５）『最近の地理学』、大明堂、参照。

＊3　「人口統計ラボ」というホームページが町丁目の面積を算出している。http://toukei-labo.com/2010/?tdfk=06&city=06201&id=103

＊4　「山形市地図情報」という市の提供するホームページは固定資産税路線価等を地図上に表示する。http://www2.wagamachi Ⅱ guide.com/yamagata/index.asp?dtp=10

＊5　データベースマップ（代表日置千晶）という団体が、全国の公示地価、基準地価を表示するシステム「日本全国の地価マップ」を公開している。http://www.db-map.com/ztika/a.html

＊6　ⅠからⅣゾーンまでに含まれる町丁目は三〇一件。

＊7　中心市街地の範囲は「山形市中心市街地活性化基本計画」（平成二六年）による。その範囲と町丁目の単位は一致しないので、中心市街地の範囲にかかる町丁目をすべて入れた。すなわち、旅籠町一、旅籠町二、旅籠町三、七日町一、七日町二、七日町三、本町一、本町二、十日町一、十日町二、十日町三、十日町四、香澄町一、香澄町二、香澄町三、幸町、桜町、木の実町、大手町である。

＊8　Ⅲは、山形市都市開発基本計画が策定された当時、市街化が進行しつつあったか、あるいは当計画の中で、土地区画整理事業による市街化を計画されていた地区である。また、ゾーンⅤの中には、飛び市街化区域や市街化調整区域内の集落などが含まれている。

＊9　「平成22年度道路交通センサス」一般交通量調査、時間帯別交通量表による。調査地点は、一般国道１１２号（①山形市鉄砲町一丁目、②山形市七日町一丁目）、③山形停車場線（山形市諏訪町一丁目）、④山形白鷹線（山形市若葉町）、⑤山形朝日線（山形市城南町二丁目）、⑥山形山寺線（山形市印役町二丁目）、⑦山形天童線（山形市宮町一丁目）。
http://www.mlit.go.jp/road/census/h22-1/

＊10　「山形市地域公共交通総合連携計画」（平成二三年）山形市企画調整部企画調整課。平成二一年一一月の平日における全利用者に対するアンケート調査による。
http://www.city.yamagata-yamagata.lg.jp/shimin/sub9/doro/aca5apd1124145502.html

＊11　山形県「社会生活基本調査」（平成二三年）による。通勤時間の平均は男性二九分、女性一八分との結果であるが、同概要にある有業率に基づく仕事時間の推計から類推した。
http://www.pref.yamagata.jp/ou/kikakushinko/020052/tokei/shak/2011/shak_index.html

＊12　「平成22年度道路交通センサス」一般交通量調査、旅行速度整理表によると、混雑時旅行速度（㎞／ｈ）は、主要地方道などで二六・〇（㎞／ｈ）となっている。

＊13　もともと都市交通には振り子型とブラウン運動型があるといわれているが、ここでいう自動車型の新市街地での通勤交通は、それぞれの事業所を中心に定常的な交通が発生しているので、全体的には方向性の定まらない振り子型という意味で

＊14　アモルフォス型と呼ぶことにする。環状骨格道路となっている国道13号線バイパスは、通勤時間上下の交通量がほぼ同じになっていることからもうなずける。
＊15　この作業は厳密なものではないが、なるべく居住機能に特化している町丁目あるいは土地区画整理事業区域を多く含む町丁目を選び、地価については商店が立地しそうにない主要な区画街路を選んだ。
＊16　一部に密度の低い地区があるが、それは形成時期による差である。つまり、地区の建て詰まりに時間を要するからであって、同じ過程上の差にすぎない。
＊17　第一種低層住居専用地域、第二種低層住居専用地域では、良好な住環境を保障するために、さらに容積率が抑えられている。用途地域の制限を受けているので、厳密にはどこにでもというわけにはいかないが、その縛りは緩く、居住者側から見て意識されることはなかろう。
＊18　Peter G. Rowe (1991) *Making a Middle Landscape*, MIT
＊19　トマス・ジーバーツ（１９９７）、蓑原敬監訳（２００６）『都市田園計画の展望—「間にある都市」の思想』、学芸出版社
＊20　下総薫（１９７５）『イギリスの大規模ニュータウン—地域振興と都市計画』、東京大学出版会、によると、ミルトン・ケインズ開発公社が設立されたのが一九六七年であり、「ニューシティ」として指定された第一号のニュータウンである。当初の指定面積は九〇㎢で、四万人の既存人口を含みながら、二五万から三〇万人の都市を目標とした。
＊21　ＳＤ７８０９、「特集＝常緑の楽園：ミルトン・ケインズ」、鹿島出版会
＊22　市街地整備が、多くの場合、最終的にはインフラの改善や共同建て替えによる容積率の活用等にたどり着くことが、都市空間の近代化を無条件に是とする価値観の反映ではないかと、問題提起しているのである。

10章　都市計画を支える現実的課題と開発利益

都市計画は何をしているのか

都市計画は、公共事業を通じて公共財を供給したり、開発規制を行って市街化を制御するなど、公共政策としての側面を持っている。しかし、もともと道路をつくる、公共施設をつくるといった現場のニーズから始まっていることや、都市計画が固有の政策決定プロセスを持った制度として確立している上、端から「国土の均衡ある発展と公共の福祉の増進に寄与することを目的とする」（都市計画法第一条）と宣言していることもあり、現場にある者にとって、その公共政策としての妥当性や公共経済としての役割等について意識する機会は、あまりないのではなかろうか。

しかし、今日、これまで都市化に向かっていた社会・経済の動向が変わろうとしており、都市化に対応してきた従来の計画実現手段が有効性を失うだけでなく、都市計画自体の存立基盤が改めて問われているものと考えるべきであろう。すなわち、ポスト都市化時代の都市計画を構想するのに際し、これからの都市計画というものが、社会・経済的にどこに立脚点を持つのか、持ちうるのか、改めて確認しておくべきと思うのである。本章と次章では、近代都市計画を生み出し発展させることになった二つの動因、開発利益の獲得と活用という現実的な課題と、より良い環境の追求という理念的な課題、この二つの動因に立ちかえり、これらがこれからも都市計画を支え得るものか考えてみたい。

都市計画を可能にしてきた開発利益

都市化時代に都市計画を可能にしたのは開発利益であったと見ることができる。最も大きくまた確実に得られる利益の源泉は、農地地代と都市地代との差にあり、これが田園都市を成立させた。[*1] わが国の土地区画整理事業も、その開発利益の一部を公共施設整備などの事業費に還元することによって成り立っている。

道路建設などインフラストラクチャの整備（以下、インフラ整備と呼ぶ）を行った場合も、沿道には容積率制限を満たすまでの建物が建ち、土地の収益力が高まり、資産価値が高まる。土地所有者も、沿道が被る震動や騒音等といったデメリット以上にメリットがあると考えるから事業が進むのであろう。間接的には、周辺市街地の利便性も高まるし、道路網全体のネットワークとしての性能も向上するという公共的利益もある。

しかし、長期にわたる開発事業の初動期を考えてみるとわかるように、道路がネットワークをなし、その場所に都市的活動が起こり都市的土地利用がなされるという保証は、マスタープランが行うものであって、その新たな都市地代もマスタープランの信用によって生まれている。要するに、開発利益によって都市計画が可能になると同時に、都市計画によって開発利益が生まれている。開発利益を介しながら、都市化を推進するメカニズムとして都市化時代の都市計画があったということであろう。

このように考えると、これからの時代にどのような都市計画が可能かという問いは、どこに開発利益があるのかという問いに置き換えられるように思われる。しかしそうはいったものの、すでに人口が減少しはじめ、二〇二〇年以降には世帯数も減少に転じるであろうと推計されている。[*2] 空地・空家も増えてきておりすでに一三・五％に達している（二〇一三）。[*3] このような状況では、市街地の拡大はほとんどの地域では期待できない。

また、自動車交通量が増えないのであれば、[*4] 都市計画道路も、ボトルネックを解消するなど特に高い費用対効果が見込める場所を除いては、急いで整備する必要がないということになる。整備率も全国平均で七三・二％（二〇一四）[*5] となっているのであるし、不満はあるかもしれないが、現状でも機能しているのであるから。しかも、道路をつくっても沿道に立地する機能が住宅以外にないというのでは、あまり地元の利益にならない。

これまでの開発利益は、都市化によって支えられていたので、その趨勢を失うと、都市計画自体が目標を見失う。あるいは、これまでは都市建設を進めること自体が地域開発となったので、それぞれの事業制度の枠の中で、いかにして良い環境を実現するかという課題だけを考えていれば良く、事業制度の枠を超えてまでして、いかに開発利益を生み出すのか考えを巡らせる必要はなかったといえよう。

都市空間側からの発想

もっとも、従来型の空間開発がこれから全く期待できないわけではない。比較的開発利益が見込めるものとして次のようなタイプが考えられる。

①外縁部の都市化タイプ：拡大した都市のさらに外縁部では、農村側の人口減少や後継者不足などの

活力低下を原因として宅地開発圧力はかえって高まる可能性がある。既存のインフラの能力を超えない範囲で、また自然的・田園的景観を損ねることのない自立的で調和的な開発を、周囲の環境保全をより確かなものとする手当てと合わせて進めることができるのであれば、この開発タイプも頭から否定することはなかろう。集落の歯抜けを埋めるようなインフィル型の開発や、自然に囲まれた自律した島状の開発などが考えられる。

②空間的変化による再都市化タイプ：公共交通機関が整備されたり、高速道路のインターチェンジができるなどの空間的変化によって開発ポテンシャル（潜在的開発可能性）の高まる場所ができる。それを計画的に受け止めるもの。既成市街地内であれば、再都市化ともいうべき新たな開発が生まれよう。[*6]

③衰退地区の再生タイプ：衰退地区において、空地を活用したり、公共空間を改善するなど、総合的に市街地整備の手を入れることで地区のイメージを変えることができれば、民間の投資も誘発し、地価の回復につながり、開発利益も生まれよう。これまでにも産業のリストラクチャリングによって生じた工場跡地等を基に都市再生事業が行われてきたが、産業の盛衰が再開発の機会をつくり出すことであろう。

これらの都市開発を行っている限り、ポスト都市化時代にあっても私たちは、都市化時代の都市計画にとどまる。しかしそれでは消極的にすぎよう。もうすでに、住民主体の「まちづくり」という形で新しい開発の萌芽が見られるではないか。それは漸進的に進める総合的な開発である。ここで総合的とは、開発されるものが経済的側面から社会的、文化的、環境的な側面、あるいは参加者の能力にまで及ぶことを意味している。今日、「まちづくり」という言葉は、あまりに多様な使われ方をしており、[*7]また必ずしも経済的成果を求めるものではないが、共通するのはその漸進性、総合性である。

その応用をと考えると、衰退地区に限らず一般の地区にも適用されるモデルが考えられる。これを、「まちづくりタイプ（ないしはまちづくり型）の開発」と呼ぶことにする。公共投資を加えながら、官民協働で漸進的に進め、地区の総合的開発を進めようというものである。際立った問題をかかえているのでなければ、公共投資を行う理由も見つけにくいが、むしろ諸側面の調和的な連関のうちに新たな価値を生み出すところに意味がある。これまでにも、歴史的町並みの保存や中心市街地活性化といった取組みがある。もっとも、歴史的町並みの保存では、昨今の歴史ブームもあって、（それが地元の人々が考えていた本来の目的に適っていたかどうかは別にして）経済的な成果を上げている事例が多くあるものの、中心市街地活性化の状況は5章で述べた通りである。

このまちづくりタイプの開発を、それがより幅広い条件下で有効となるよう改良を加えるべきであろう。そのためにもまずは、経済的な開発のために私たちは何をすべきなのか、改めて考えておきたい。

何が都市ならびに地域経済を発展させるのか

都市を発展させるには、都市のベーシックな機能（域外に財・サービスの提供を行い、域外から利益を得てくる産業）を育てるというのが昔からの考え方である。ノン・ベーシックな機能、つまり生活サービスなど域内に財・サービスの提供を行う機能の規模は域内の活動量に比例するのであるから。そこで、企業や工場の誘致、高等教育機関、大規模商業施設、近年は高度医療施設[*8]など広いサービス圏を持つ機能の誘致が考えられてきた。

これらは地域内に大資本の投資を期待することになりがちだが、もちろん地元資本の成長にも期待が寄せられている。地場産業の移出・輸出を増やすことはベーシックな機能の強化になる。そのために、デザイン力や企画提案力の強化、商談会の開催などによる販路拡大の公的な後押しもなされてきている。[*9]

観光はどこでも期待できるベーシックな機能であり、近年、国内観光消費は増えてはいないものの、外国人観光客は増加していることや、大都市圏居住者の需要が高いことから、地方都市の活性化策として期待されているところである。[*10]ノン・ベーシックな機能の代表と思われている飲食業であっても週末観光レクリエーションと結びつきサービス圏が広がればベーシックな機能となる。インターネットの活用やマスコミの活用、差別化、「B級グルメ」などといったブランド化の取組みなどが行われている。[*11]

こうした観光地や地場産品の競争力の強化には、その商品力の強化に加えて、情報発信力も必要であり、その背後にある自然・歴史・社会・文化を含めた地域自体のアイデンティティと魅力が重要との見方から「地域ブランド」といったいい方もされている。[*12]

地産地消など地域内循環を盛んにすることは、乗数効果を高めるものと考えられている。[*13]また、地域の資源を活用するという観点からも、地域開発が試みられている。農産物直売所を設けて、これまで商品化できなかった規格外品も含め、地域内での流通を進めたり、[*14]木質バイオマスや低落差水力発電など地域に眠るエネルギー（賦存エネルギー）を活用するなどの試みが進められている。[*15]直売所の取組みなどは、高齢者の収入を増やすなど、労働力の活用ともなっている。

潜在需要を掘り起こすことも手掛りとなろう。空間的な都市開発の場合を考えても、たとえば、菜園を持った田園住宅や中心市街地でのリノベーションなど、新たな生活スタイルを提案し、潜在的な需要を掘り起こすことができれば、限られたパイの奪い合いではなく、地域開発の手段となろう。しかも、地域の特性を引き出し、地域文化を豊かにすることにもつながる可能性を持っている。

生産性の向上という視点は、経済開発の基本であるが、特に先進国の経済発展は生産性の向上に左右されると考えられている。[*16]生産性は、労働生産性、資本生産性、そしてその他の全要素生産性に分けて捉えられているが、中でも全要素生産性が、近年の先進国経済にとって重要と考えられ、[*17]その核心にあるのがイノベーションである。[*18]

イノベーションは、当初は生産にあたっての物や力の新たな組合せという意味で「新結合」という言葉で語られていたものだが、[*19]今日この言葉の中身は、たとえば製造業を想定した場合、新たな商品・サービスの開発、製造方法の改良、マーケッティングに関わる改良、組織経営に関わる改良など、あらゆる領域にわたる革新を意味しており、その関わる側面に応じて、プロダクト・イノベーション、プロセス・イノベーション、マーケッティング・イノベーション、組織イノベーションといった呼び方もされている。[*20]もちろん、製造業にとどまるわけではなく、流通、サービスなどあらゆる産業分野に及ぶ概念である。

開発の総合性と情報化・知識化に向かう歴史的潮流

以上を振り返り、二点確認しておきたい。一つは開発の、本源的な意味での総合性である。私たちは通常、都市の空間的開発を考えるので、まちづくりが地域の様々な側面の開発に関わることが新鮮に感じられるが、本来、地域が開発され発展するということは、地域の総体的な変化を意味する。むしろ、私たちが、一つ二つのプロジェクトに注目したり、限られた時間スパンの中で状況を捉えたり、あるいは特定の関心領域に的を絞って見ているがために、特定側面の発展なるものがあるように見えるのであって、どのような変化もやがて大きな全体的な変化の波に飲み込まれてゆくことであろう。開発は発展を促す行為と理解されるが（両者とも英語では development であり区別されないが）、その字義からしても発展は「包みを解くこと（des- + veloper）」[*21]「潜在的な可能性が実現されていくこと」[*21、22]であり、アリストテレス流にいえば可能態《デュナミス》が発揮されて現実態《エネルゲイア》となることである。[*22]だからこそ、地域は時に有機体になぞらえられてきたし、また構造的な捉えを可能にする。

この総体的な変化において、局所的・短期的に見た時の変化は様々であろうが、全体の変化の方向性は、ある状態からある状態へと、明確に意識されよう。そしてこれまでの変化は「近代化／都市化」といった方向性で理解されていたが、今では「近代化／情報化・知識化」といった変化と見る方が物事をよく説明するようになっている。したがってこれらの言葉の使い方には注意しなければならない。「都市化」を都市の物的変化だけと捉えていてはその変化の本質を捉え損ねるのと同様に、「情報化・知識化」も現代の歴史的変化を大胆にひと言で表現しているのであって、この言葉がこのような文脈で使われている限りは、情報通信技術の発達や情報機器の普及などといった個別・具体的な意味はいったん切り離して考えなければならない。

もう一点は、求められているのは何か特定のイノベーションではないということ。たとえば、各種雑誌に取り上げられているまちづくりや地域開発の事例が語るのは、それぞれにイノベーションがなされているということであり、私たちがすでに開発をイノベーションと捉える思考的枠組みを共有していることを示している。

ちなみにイノベーションといってもその革新の度合いは様々である。市場インパクト、技術インパクト、それぞれの大きさから、構築的革新、革命的革新、間隙創造的革新、通常的革新といった分類がなされているが、[*23]たいがいは保守的インパクトしかもたない通常的革新がなされ、それを積み重ねてゆくことになろう。つまり重要なことは、状況を切り開いてゆくためにイノベーションを次々と起こせる体質、イノベーティブな体質になることと考えられる。

また、イノベーションを可能にするのは、直接的には様々な切っ掛けがあろうが、自らが置かれた状況において、自らも含めた系を改めて構造的な全体の中に捉え、かつその構造をより良い結果を生み出すために組み替え得るものと考えることが必要であろう。そこにタブー、ためらうことなどないのだ。情報化・知識化は、そのような見方を可能にすることによってイノベーションを支えているように思われる。

このように考えてみると、情報化・知識化、世界をダイナミックに変化する構造体と捉えること、イノベーティブな体質になることの三者は一体的であり、そうした動的世界に身を投じることでもって、人や企業、組織、社会は発展の可能性を見出すものと考えられる。しかし、情報化・知識化がこのような特質を持っていることは、それが近代化をさらに推し進めながらも、伝統的価値体系など近代を支えていた基盤をそれ自らが切り崩すことになるのではないかとの心配を生み出している。[*24、25] 情報化・知識化が、手放しで歓迎すべき変化でないことは心しておくべきであろう。

情報化・知識化に向き合う都市計画

以上の議論の結果、トートロジーのように聞こえようが、情報化・知識化時代の開発は、情報化・知識化と呼ばれる変化を推し進めることによってなされるということになり、これからの時代の都市計画を支える社会・経済的な基盤は、社会・経済・文化に関わるイノベーティブな状態づくり、あるいはその補償的対応を含めたもの、と考えられる。

「まちづくり型の開発」は、その一つの可能性を示すものであろう。しかし、人々のアクティビティと環境と情報との結びつきのうちに新たな価値が生み出されると考えると、さらに広い可能性が開かれているように思われる。

一方、今日の情報化・知識化が進む状況の中での開発の可能性を具体的に示すのは、「創造都市論」と呼ばれている一連の議論である。まだそれらは断片的に見えるが、たとえば、佐々木雅幸氏はボローニャや金沢を事例に、個々の企業の枠を超えて人的なつながりがフレキシブルに形成され、地域の生産システムを転換してゆくことを実証的に示している。[*26] また、リチャード・フロリダ氏は、クリエイティブな人や企業を集め経済的な発展を遂げる巨大な経済活動の集積地「メガ・リージョン」

の成長を指摘するとともに、[*27] 世界では集中と分散がともに進行しており、スパイク状の分布形態をとるようになっているという。このグローバルな多極集中現象への対応が問われているのかもしれない。一方、チャールズ・ランドリー氏[*28]は、都市計画には市民の創造性を育てるという役割があること、そして都市計画というアプローチ自体を創造的にするという課題があることを示している。

これらを参考にすると、情報化・知識化に基盤を置いた都市計画には少なくとも次の三種類の課題領域があると考えられる。一つは、地域や都市の社会・経済・文化をイノベーティブにし、開発を進めること、もう一つは、環境の向上ないしは良好な環境の形成という都市計画固有の課題に対し、イノベーティブになること、三つ目は自らの方法・手段において都市計画もイノベーティブになることである。

現時点では、それぞれに多様な可能性とともに補償的な方向の反応が考えられる。たとえば、地域や都市の社会・経済・文化をイノベーティブにすることは、生産様式、生活様式、すべてを変えてゆこうとすることであろう。それは、人工知能など科学技術の成果を生活・生産に取り込んでゆくようにも思われる。しかしその一方では、人間関係や教養・芸術などといった社会・文化の原点に立ち戻ろうとする反作用も高まるのではなかろうか。

環境の向上についても、科学技術の成果を取り込みながら地域のアトラクティブネス、人をひきつける力を高めることであろう。しかし、反対に表面的な情報化・知識化から逃れる代償的空間・時間を生み出すかもしれない。

そして、都市計画という方法自体、社会・経済・文化の変革手段としてより効果的なものにしてゆくことになろう。それは計画の場の役割をよりイノベーティブなものに変えるかもしれない。このことは研究と実践との境目をなくしてゆくようにも思われる。しかしまた、もう一方では、都市計画のより初源的な役割を取り戻そうとするかもしれない。すなわち公的な時間・空間をつくり出し、人々の人生を有意義なものにしようとしはじめるかもしれない。[*29]

ともかく、情報化・知識化が進む時代、私たちがまず「都市計画」という観念において従来の縛りを解き放てば、都市計画は、こうした多方向の試みを巻き込みながら、新たな展開を見せるのではなかろうか。

10章　註

＊1　E・ハワード、長素連訳（1968）『明日の田園都市』、鹿島出版会

＊2　国立社会保障・人口問題研究所（2015）「日本の世帯数の将来推計」（全国推計・二〇一五年一月推計）、世帯数は二〇一九年にピークを迎えるとしている。

＊3　総務省統計局ホームページより。平成二五年一〇月一日現在のデータ。http://www.stat.go.jp/data/jyutaku/topics/topi861.htm

＊4　国土交通省の推計によると、二〇〇五年の実績値に対し二〇三〇年の全国交通量（自動車走行台キロ、乗用車・貨物の合計）は二・六％の減少と見られている。「新たな将来交通需要推計」より。http://www.mlit.go.jp/road/ir/kihon/26/1-2.pdf

＊5　国土交通省「平成26年都市計画現況調査」より。http://www.mlit.go.jp/toshi/tosiko/toshi_tosiko_tk_000008.html

＊6　社会資本整備審議会・第二次答申（二〇〇七）では、市街地整備を重点化するにあたっての対象地の一つに「交通結節点等の拠点的市街地」を挙げており、立地適正化計画もここでいう「再都市化」を期待するシナリオに立っていると見られる。

＊7　昨今の言葉の使い方からすれば、都市計画制度の枠に収まらないすべての都市計画的行為を指しているように思われる。

＊8　矢作弘（2010）「アメリカの都市再生の救世主を期待されるアカデミック・メディカルコンプレックス」、地域開発vol.549, pp.2-5。本巻は、「メディカルコンプレックスの可能性―都市再生の戦略的産業に育つか」をテーマとした特集となっている。近年はアカデミック・メディカルコンプレックスなどといわれており、機能間の連携関係を活かし幅広い企業立地を進め、集中のメリットを生み出そうとする事例が報告されている。

＊9　地域開発の特集としてはvol.474「地域産業おこしに燃える人」、vol.488「地場産業と中小企業の未来」などがある。

＊10　地域開発の特集としてはvol.533「観光新時代の地域開発」、vol.557「中国人観光客市場」などがある。その経済効果については、塩谷英生（2009）「観光の経済波及効果と観光地ブランディング」地域開発vol.533, pp.24-27

＊11　地域開発の特集としてはvol.519「地域ブランドに向かうB級グルメ」、vol.531「『ご当地ラーメン』によるまちづくり」がある。

＊12　電通abic project編（2009）『地域ブランドマネジメント』、有斐閣。ここでは、「地域ブランドとは、その地域が独自に持つ歴史や文化、自然、産業、生活、人のコミュニティといった地域資産を、体験の「場」を通じて、精神的な価値へと結びつけることで、「買いたい」「訪れたい」「交流したい」「住みたい」を誘発するまちと定義できる」（若林二〇〇六）としている。

＊13　地域内乗数効果という考えが提唱されている。福士正博（2005）「地域内乗数効果（local multiplier effect）概念の可能性」、東京経大学会誌・経済学vol.241、pp.205-225

＊14　地域開発vol.541「地域産業おこしと農産物「直売所」」参照。

＊15　地域開発vol.536「地方都市の循環型社会への取組み」参照。

＊16　星岳雄（2011）「何が日本の経済成長を止めたのか？」NIRA研究報告書。星は、長期的な成長パターンは「新古典派」成長モデルによってだいたい説明されるとした上で、産出量の水準を従属変数とし、資本投入量、労働投入量、技術水準を独立変数としたモデル式の解釈として、先進国においては成長は、「技術進歩（つまり純粋な生産性の向上）によって左右されるようになる」と述べている（p.5）。http://www.nira.or.jp/pdf/1002report.pdf

＊17　近年の白書には全要素生産性の重要性を指摘するものが多い。

＊18　経済産業省『通商白書　二〇一三年版』

＊19　シュムペーター（1926）、塩野・中山・東畑訳（1997）『経済発展の理論―企業者利潤・資本・信用・利子および

＊20　景気の回転に関する一研究』、岩波書店

＊21　中小企業庁『中小企業白書　二〇一五年版』、http://www.chusho.meti.go.jp/pamflet/hakusyo/
Online Ethymology Dictionary（http://www.etymonline.com/bio.php）では、［undo］を意味する［des-］と［wrap up］を意味する［veloper］の合成と説明されている。

＊22　『哲学・思想事典』、岩波書店より。

＊23　『科学技術白書　平成一八年版』コラム。文部科学省ホームページより。元は米倉誠一郎（一橋大学教授）資料から。ここでは、市場インパクトの大きさならびに技術インパクトの大きさを、それぞれ斬新なものと保守的なものに分け四区分されている。ともに斬新なものが構築的革新（architectural innovation）である。
http://www.mext.go.jp/b_menu/hakusho/html/hpaa200601/column/007.htm

＊24　ロバート・ハイルブローナー（1993）、中村・吉田訳（1994）『二十一世紀の資本主義』、ダイヤモンド社。ハイルブローナーは、資本主義の終焉を予想したシュムペーターの考えを紹介し「資本主義が生み出す現実的で非情緒的な世界観が社会秩序の基礎にある価値を腐食させると考えていたから」と記している（p.114）。ウルリッヒ・ベックは、再帰的近代化という概念で、近代工業社会がもつ潜在的副作用のために、自ずとリスク社会へ移行することになろうと危惧を示している。＊25文献 p.17参照。

＊25　ウルリッヒ・ベック、アンソニー・ギデンズ、スコット・ラッシュ（1994）、松尾・小幡・叶堂訳（1997）『再帰的近代化―近現代における政治、伝統、美的原理』、而立書房

＊26　佐々木雅幸（1997）『創造都市の経済学』、勁草書房。また佐々木氏は、ニューヨークにおける芸術文化産業の状況を見ながら、東京での遅れを指摘し、産業政策と文化政策との有期的連関の必要性を説くのである。

＊27　リチャード・フロリダ（2008）、井口典夫訳（2009）『クリエイティブ都市論―創造性は居心地のよい場所を求める』、ダイヤモンド社

＊28　チャールズ・ランドリー（2000）、後藤和子監訳（2003）『創造的都市―都市再生のための道具箱』、日本評論社

＊29　ギリシアのアゴラ、ローマのフォーラムをはじめ、グランドマナーの都市づくりなど、公共的な生活舞台を都市計画はつくってきている。個人化が進む時代にあって、また新たな形で公的領域づくりを始めるかもしれない。ハンナ・アレント（1958）、志水速雄訳（1973）『人間の条件』筑摩書房、参照。

11章　都市計画を支える理念的課題と理想

環境問題と都市計画

開発利益と環境の向上は都市計画の両輪である。開発利益が都市計画の現実的な目的であれば、環境の向上は都市計画の理念的な目的といえよう。しかし、後者の方が私たちの意識上に大きくあるのは、前章で述べたように、これまでは開発利益の獲得に苦労しなかったこともあろうし、近代都市計画が市場の失敗への対応策として誕生したことにも一因があるように思われる。

すなわち、近代都市計画の起源がスラムの改善にあることは、都市計画史で学ぶことである。農村からあぶれた人々は都市に流入し、そこに、ろくなインフラもなく過密で不衛生な居住地、スラム街を形成した。その状況に対し、法的な整備、労働者の生活改善、自治体の能力の強化とインフラ整備、心ある資本家による労働者住宅の建設など様々な方面から改善策が模索され、やがて、田園都市の建設という近代都市のモデル形成に至る。[*1]

その後の近代産業段階においても、都市計画は環境向上の闘いに明け暮れた。[*2] たとえば戦後、高度成長期のわが国の都市など、モータリゼーションに伴う騒音・振動や排気ガスなどによる公害、交通事故の多発、高層建築物の出現による日照、通風、プライバシーの侵害、あるいは水質汚染、景観破壊と、都市の居住環境の悪さが社会問題となっていた。シビル・ミニマムという言葉が生まれたように、まずは最低限の居住環境水準を確保することが政策目標となった。そこでは、排出規制のような直接規制的手法が重要な役割を果たしたが、建築規制や、道路、下水道システムといったインフラ整備を行う都市計画の果たす役割も大きかった。

状況が変わったのは、わが国が先進国の仲間入りをし、生活が豊かになった頃である。ＯＥＣＤレポート（一九七七）が出され、「日本は、数多くの公害防除の戦闘を勝ちとったが、環境の質を高めるための戦争ではまだ勝利をおさめてはいない」といわれた。[*2] このあたりから景観や環境保全などアメニティの向上へと関心が移っていったが、ここでも緑地保全、歴史的環境の保全、景観コントロールなどに関わる都市計画の果たす役割は大きかった。[*3]

今日的環境問題と環境マネジメント

しかし、近年、環境問題の性質がさらに変わってきている。都市計画が関わる環境問題には、都市計画のスケールに比べ、よりマクロな問題とよりミクロな問題とがあり、分けて考えた方が良かろう。マクロな環境問題の方は、対応を考えるにあたって想定するシステムがさらに広域化、グローバル化、あるいは複雑化しており、都市計画で簡単に解けるようなものではなくなってきている。

今日、深刻に捉えられているマクロな環境問題には、たとえば、地球温暖化、資源・エネルギー問題、激甚化する自然災害への対応を含めた防災性能の向上、地域生態系の保全等がある。[*4]

たとえば、地球温暖化問題については、「気候変動に関する政府間パネル（ＩＰＣＣ）」が一九八八年に設置され、[*5] 科学的研究が積み重ねられる一方で、その知見を基に行動の方針を定める気候変動枠組条約締約国会議（ＣＯＰ）が重ねられてきており、[*6] その両輪でもって実態の解明と行動に向けた方針の具体化が図られてきている。[*7] 最近のものではＣＯＰ21でパリ協定が採択され（二〇一五）、「世界的な平均気温上昇を産業革命以前に比べて二℃より十分低く保つとともに、一・五℃に抑える努力を追求すること」[*8] 等の目標が示された。目標に向けた各国の施策は、それぞれが約束草案（ＩＮＤＣ）[*9] として提出し定めるしくみとなっており、わが国は「二〇三〇年度に二〇一三年度比二六・〇％減の水準」とすること等を目標として示している。[*10]

個別の対応策はさておき、このような課題に合理的に対応するには、ポリシーミックス、すなわち複数の政策を組み合わせて費用対効果を高めることが重要である。一般的に、政策手法には、直接規制的手法、枠組規制的手法、経済的手法、自主的取組手法、情報的手法、手続的手法などがある。[*11] わが国の現状ではこの問題についての直接規制的手法は考えにくいが、状況に応じてその他の手法の適切な組合せを考える必要がある。

すでに、環境省では「地球温暖化対策地方公共団体実行計画（区域施策編）策定マニュアル」（二〇〇九）[*12] がつくられ、国土交通省でも「低炭素都市づくりガイドライン」（二〇一〇）[*13] がつくられ、さらには「都市の低炭素化の促進に関する法律」（二〇一二）[*14] とともに「低炭素まちづくり実践ハンドブック」（二〇一二）[*15]、二〇一四年には「環境行動計画」[*4] がつくられている。これらに基づいて、市町村で低炭素まちづくり計画がつくられ、取組みが始まっている。[*16]

本稿で問題とするのは、こうした取組みが一方で始まりながら、その課題が、物的計画を基軸とする都市化時代の都市計画に、すっと結びつかない点、つまり、課題と手段との間の対応関係を簡単には見出すことができない点である。そしてそれは、地球温暖化問題のみならず、マクロな環境問題に広く共通する。

地域生態系の保全ならびに共生社会づくりも同様の難しさを持っている。緑地計画の歴史もあり[*17]、また一九七〇年代からのイアン・マクハーグの取組み[*18]などが知られており、都市計画と馴染みが良いだろうと思われるかもしれないが、これもまた都市計画のシステムにすっと入っていかない。すなわち計画実現手段ともマスタープランとも馴染みが悪い。

これまでにも、「環境共生都市」「エコシティ」「エコポリス」「ビオトープ・ネットワーク」など、様々なキーワードで語られ、流行もあったが、いまだに私たちの身のまわりの環境が生態系として管理されているわけではない。昨今の取組みは、わが国が「生物の多様性に関する条約[*19]」を締結したところに始まっており（一九九三）、国では、生物多様性基本法（二〇〇八[*20]）を定め、「生物多様性国家戦略２０１２-２０２０」（二〇一二[*21]）を閣議決定し、取組みが始まっている。

これらの、従来の都市計画との馴染みの悪さは、省庁から市町村までの縦割りの弊害もあるが、それだけではなく、計画間の型の違いが意識的に扱われていないことに問題があると思われる。

マクロな環境問題の特性と計画型の違い

これらマクロな環境問題は、グローバルな課題からローカルな課題までつながっていること、またエンドオブパイプ技術（システムの末端での対応）では対応できなくなっており、人間活動自体の制御が必要となっていること、しかし、受益者と受苦者が、地域的にも世代的にも、また生物の間でも異なっているところに根本的な難しさがあることがかねてから指摘されている。[*22]

このような問題の特性を考えずに、下位のレベルに目標を割り当てたり具体策を求めることは適切ではない。市町村レベルでは実効的な政策手段を用意することができず、市民をイベントにかり出すなどして一方的に負担を求めたり、精神運動に終始したりすることになりかねない。もし仮に合理主義的なアプローチをとる都市計画に対して、いきなり具体策を求めたりすると、直接供給ないし直接規制的手法しか考えられず、それでは効率性・公平性を保てまい。結局のところ各事業の中で配慮する程度の対応しかとれないのが現実である。

理想主義的な計画アプローチをとるマクロな環境問題は、目標に理想的なものを掲げているので、総論としては賛同を得やすい。逆に各論つまり具体策となると、個々人で問題の捉え方（価値観）が異なっており、期待する効用も異なるので、市場を通じた調整が不可欠と考えられる。結果として、市民に向けては経済的手法が基本となるものと思われる。

おそらく、賛同を得られるマクロなレベルで広く薄く負担を求め、それを市町村にまわして、実現手段のインセンティブのための財源とし、市町村でもそれを用いた効果的な実現手段を試行錯誤しながら工夫し、漸進的に進めるという形が必要なのであろう。しかも、マクロな環境問題の場合、経済的手法をはじめ、直接規制的手法、枠組み規制的手法など、何かを義務づけるような政策手段は国でなければ制度化し難く、国の段階で、思い切った制度設計をし、かつ全体の成果を見ながら組み替えてゆくといった政策のマネジメントをしっかりと行うことが要求されよう。

地方自治体でも、ベースとする経済的手法に加え、情報的手法、手続的手法、あるいは助成を加えた自主的取組手法などを行い、特に効果が期待できる場所では、重点地区（モデル地区）とするなどして、官民協働で総合的な改良を行うのが適切ではなかろうか。[*23]

理想主義的アプローチを取り込む都市計画

都市のレベルに課題が降りてきた時に、具体的な手段を考えられないのは、そもそものスケールでは問題が見えなくなるからでもある。マクロにはつかめる現象もミクロでは見えなくなる。地球温暖化問題であれば、どこでどの程度の温室効果ガスの排出があるのか、生態系の問題であれば、どこにどのような生態環境があるのか、といったミクロな状況はなかなかわからない。[*24] この動的現象を把握するには、都市レベルでも科学技術の応用が必要であり、まずは専門的な調査が必要である。

また、都市、地区、建造物といった空間レベルごとに、計画や設計の折に評価を加えることも、手続的手法の一つとして期待されよう。[*25] それは判断材料の一つとなる。すなわち科学技術的なモニタリングや評価というものが、合理主義的アプローチと理想主義的アプローチを調整する手立てとして、これからの都市計画に組み入れられてもおかしくはない。

もちろん、ここでもまちづくりは新しいアプローチの可能性を示している。たとえば、分別収集された生ゴミと牛糞から堆肥をつくり、育てた農産物のブランド化に結びつけた長井市のレインボープランや、[*26] 木質バイオマス発電所の設立を契機に地域の木材産業や農業にも脚光をあて、産業観光にもつなげていこうとしている真庭市の例が報告されている。[*27] これらの事例は、地域の総合的開発の中で、マクロな環境問題への対応が図られ得ることを示している。すなわち、「まちづくり型」の開発を起こすイノベーティブな都市計画を実現すれば、理想主義的なアプローチをとるマクロな環境問題に関わる様々な対策がその中に組み込まれてゆくのではないかと期待される。

ミクロな環境問題としての都市環境の質

一方、都市計画が問題とするミクロな環境問題は、自らがつくり出した人工物環境の問題である。都市化時代の都市計画がつくり出してきた人工物環境がこれからの時代にも通用するのか、改めてその質を問題としたい。

環境の良し悪しを問うには規範理論から議論しなければならない。従来、都市計画には伝統的な規範理論があり、良い環境を示す規準として、安全性（safety）、健康性（healthy）、利便性（convenience）、快適性（amenity）の四つがいわれてきた。[*28] これらは、前に位置するものほど基本的で重要な規準である。わが国の都市計画が快適性を問うところまで来たことはすでに述べた。

快適性の向上のためには、ケヴィン・リンチの示した五つの環境性能基準がより有効と思われる。ケヴィン・リンチはイタリアの歴史都市などを基に、活力性（vitality）、感覚（sense）、適合（fit）、アクセス（access）、管理（control）という五つの環境性能規準を示した。[*29] この規準は地区レベルのデザインやマネジメントを考える上で手掛りになるものと思われる。

しかし一方で、このような道具がありながら、また、意欲的な試みがないわけでもないのだが、一般的には、都市化時代の都市計画は「本当に良い」と感じさせる都市空間をつくっていない。なぜできないのかと考えると、理論的な問題と制度的・実際的な問題に行きつく。一見自明と思われるかもしれないが、これらへの対応はこれからの都市計画の課題と考えられるので、以下、若干の説明を加えておきたい。

本当に良い都市空間とは何か、なぜできないのか

「本当に良い都市空間」とは、ケヴィン・リンチの環境性能基準の高い状態を指すものと仮に考えておくが、都市計画がつくる今日の都市空間がそうならないのは、そこにはウォルター・ベンジャミンのいう「アウラ」[*30]が欠けているし、クリストファー・アレグザンダーの言葉でいえば「言葉にできない質（quality without a name）」[*31]が欠けているからであろう。すなわち今日の都市空間には、「場所の感覚」が欠け、「意味」が見失われているのである。[*32]

これに対し、歴史的な町並みは魅力的であるし、そのように立派なものでなくとも、歴史ある普通のまちであれば人々の生活が表出し、そこに多くの意味も読み取ることができ、十分に魅力的である。[*33]

これら歴史性ある普通の市街地に対し、都市計画は、道路事業であろうと土地区画整理事業であろうと、その意味を剥ぎ取り、情緒的側面を切り捨ててしまうので、破壊者のように振る舞う。このことを都市計画家は忘れてはなるまい。

ただし、これは、都市化時代の都市計画にとって不当な比較であるといわれるかもしれない。それがつくってきたのは、網状都市システムであって、それが歴史的市街地とは比べようがないことは最初からわかっている。現代都市空間の均質性、無味乾燥とした様、場所の感覚の欠如等は多くの人

が指摘してきたが、それに代わるシステムが提案されたわけではない。ケヴィン・リンチの環境性能基準、クリストファー・アレグザンダーのパターン・ランゲージ、[*34] あるいはゴードン・カレンの景観論[*35]などはみな、歴史的都市に学び、そこから抽出された経験知を都市化時代の都市建設にも応用可能なものとしたのである。現代都市空間を少しでも良いものにしようとしているのであるが、根本的なところで問題が解決したわけではない。

しかも、多くの市民は、この新しい市街地を好んで受け入れたのだ。この度の東日本大震災の後には、津波被災地にあった集落・市街地の高台移転が行われた。ある町の集落の移転に際して、集落のような空間をつくることを訴えたが、[*36] 結局、郊外に普通に見られる住宅団地のような高台住宅地になってしまった。住民もそれに反対したわけではなく、これが広く社会に受け入れられている普通の現代都市であり、また今日の都市建設技術のベースにあるものであることがわかる。

昨今、現代都市空間に対する反発は聞かなくなったが、逆にこの慣れに対して改めて問題提起をしなければならないと思うのである。ポスト都市化時代においては高い能力を持ったクリエイティブな人々を集める環境が求められるという主張もある。[*37] もし、これからの時代における都市計画の存立基盤の一つが、良好な環境の形成というその本来の目的に対してイノベーティブになることであるとすると、本当に良いと思える空間をつくる能力の回復も重要なサブテーマの一つとなろう。

本当に良いと思えるアトラクティブな都市空間をつくる課題

本当に良い都市空間が、価値観によって決まる問題であり、人間の意味づけが重要だと考えるなら、人間＝環境系の中でそれが果たすべき役割からその条件は規定されよう。つまり、①子どもたちにとっては、それがふるさととなるような生命的な接触を可能にする環境であること、②人々の活動の舞台であるだけではなく、そこに豊かな社会が育まれる環境であること、③同様に、過去の文化をその環境において楽しみ、またそこに新たな文化を生み出す生命力ある環境であること、④それは人間と自然との関わりを保つ環境であること、などといった条件が考えられる。

また、それが人間＝環境系の表現であることを考え、その生成・変化に関わる都市計画のあり方から考えると、①人間＝環境系を時間とともに成長させ、環境に情報や意味を加えてゆくものであること、②そこに十分な知識が投入され、多くの人の手が共創的に加えられていること、③そこに対話が重ねられ、コミュニケーションの広がりが生まれていること、といった条件がつけられよう。

現実にも、魅力ある市街地が工夫されてきてはいる。かつては、ニュータウンがそのような実験の場であったが、近年は、中小規模の住宅団地においても、戸々の塀や垣、敷地境界部分のちょっとした植栽などと、敷地―建物のデザインによって街並み景観の質を高める試みが見られる。しかしそれらはまだ限られた事例にすぎず、一般化を図る必要があろう。また魅力的な都市空間づくりは、新開発の住宅地にとどまらず、既成市街地あるいは商業・業務地にも広げてゆく必要があろう。

問題の一つは、都市計画と土木・建築・造園の間の隔たりの大きさにあり、地区ないし通りのスケールで両者を調整する「まちなみデザイン」[*38]の役割が求められる。それはまた、調整主体を行政、事業者、住民の間に立たせることになる。調整は、景観やコミュニティの育成などの観点からの創造的な提案によってなされようが、トップダウン型の意思決定をしている限り限界があり、様々な主体からの情報やアイデアを受け止めるための共創的な場をつくることが重要であろう。

つまり、そこに参加する各主体が呼応しあってよりよい全体をつくるしくみが求められるのである。これまで、計画・設計基準の枠内で固定的に考えられてきた道路・広場・公園・公共建築等の公共施設であるが、その場に加わるためには、求められる性能や土地条件等に応じて柔軟に計画・設計を行うこと、すなわちそれ自身がイノベーティブになることが不可欠と考えられる。新たな時代に向けて具体の都市計画のあり方を考える上での検討課題であろう。

11章　註

＊1　ウィリアム・アッシュワース（1954）、下総薫監訳（1987）『イギリス田園都市の社会史―近代都市計画の誕生』、御茶の水書房。E・ハワード（1946）、長素連訳（1967）『明日の田園都市』、鹿島出版会

＊2　環境庁国際課監修・国際環境問題研究会訳（1978）『OECDレポート　日本の経験―環境政策は成功したか』、財団法人日本環境協会、p.108、一九七七年のレポートである。

＊3　環境庁は一九八四年にアメニティ・タウン計画事業制度を設け、①緑や水を中心とした快適環境の整備、②良好な自然環境の保全、③快適な都市・生活空間の演出、④環境に配慮した生活・行動ルールの確保、⑤歴史的価値の保存といった施策に助成を行っている。環境の質的向上のための施策展開の方向性を示していたと見られる。環境庁企画調整局企画調整課監修（1989）『ふるさと・アメニティ・まちづくり』、ぎょうせい

＊4　国土交通省『環境行動計画―環境危機を乗り越え、持続可能な社会を目指す』、平成二六年三月。http://www.mlit.go.jp/common/001034975.pdf では今後推進すべき環境政策の四分野として①低炭素社会、②循環型社会、③自然共生社会、④分野横断的な取組みが挙げられている。

＊5　ＩＰＣＣの成果は評価報告書にまとめられ、第一次（１９９０）、第二次（１９９５）、第三次（２００１）、第四次（２００７）、第五次（２０１３）に至っている。http://www.data.jma.go.jp/cpdinfo/ipcc/

＊6　ＣＯＰの歩みは http://www.env.go.jp/earth/cop/

＊7　一連の歩みについては『環境白書・循環型社会白書・生物多様性白書２０１６』参照。http://www.env.go.jp/policy/hakusyo/h28/index.html

＊8　「パリ協定の概要（仮訳）」http://www.env.go.jp/earth/ondanka/cop21_paris/paris_conv-a.pdf。二〇一六年一一月四日に発効。

＊9　約束草案ＩＮＤＣ（Intended Nationally Determined Contributions）

＊10　日本の約束草案は、地球温暖化対策推進本部決定「日本の約束草案」（平成二七年七月一七日）http://www.env.go.jp/press/files/jp/27581.pdf

＊11　環境省編『環境白書―地球と共生する「環の国」日本を目指して　平成一三年版』

＊12　「地球温暖化対策地方公共団体実行計画（区域施策編）策定マニュアル」（平成二一年六月）http://www.env.go.jp/earth/ondanka/sakutei_manual/manual0906.html

＊13　国土交通省都市・地域整備局（２０１０）『低炭素都市づくりガイドライン（概要版）』http://www.mlit.go.jp/common/000133426.pdf

＊14　都市の低炭素化の促進に関する法律（平成二十四年九月五日法律第八十四号）

＊15　国土交通省都市局都市計画課『低炭素まちづくり実践ハンドブック』、平成二五年一二月 http://www.mlit.go.jp/common/001023244.pdf

＊16　地球温暖化に対する国の政策の流れについては、小林光（２０１１）「低炭素都市に向けた環境省の取組み、そして若干の個人的考察と提案」地域開発 vol.556, pp.2-10 を参照。また低炭素化を都市計画の中で面的に進める方策は、小澤氏が検討を行っている。小澤一郎（２００８）「低炭素都市づくりと都市計画の役割」地域開発 vol.525, pp.19-24

＊17　石川幹子（２００１）『都市と緑地―新しい都市環境の創造に向けて』、岩波書店

＊18　イアン・Ｌ・マクハーグ（１９９２）、下河辺淳・川瀬篤美総括監訳（１９９４）『デザイン・ウィズ・ネーチャー』、集文社

＊19　「生物の多様性に関する条約」（Convention on Biological Diversity／CBD）、一九九二

＊20　生物多様性基本法（平成二十年六月六日法律第五十八号）
＊21　「生物多様性国家戦略２０１２-２０２０」平成二四年九月二八日閣議決定）
http://www.env.go.jp/press/files/jp/20763.pdf
＊22　土木学会環境システム委員会編（１９９８）『環境システム―その理念と基礎手法』、共立出版
＊23　この場合でも、公共の直接供給政策となり、評価、中でもリスクや継続性に対する評価が甘くなり、非効率を生じやすいことに注意しなければならない。
＊24　拙稿（２００４）「鳥海山の自然豊かなまちづくり」季刊まちづくり no.3, pp.46-50、学芸出版社。遊佐町での調査では、魚、鳥、植生などの現況把握に、地元で観察を行っている人たちの協力を得たが、その把握が困難であることは明らかである。
＊25　建築物の省エネルギー性能の評価を行う「ＣＡＳＢＥＥ」（建築環境総合性能評価システム）の例が知られている。
http://www.ibec.or.jp/CASBEE/about_cas.htm
＊26　鶴見・中島・千賀（２００５）「山形県長井市レインボープランにみる資源循環型システムの実態と課題」、農村計画論文集、pp.25-30
＊27　特集「真庭ライフスタイル―ひと・まち・市役所による循環型社会へ」地域開発 vol.615, 2016、ならびに藻谷浩介・ＮＨＫ広島取材班（２０１３）『里山資本主義』、角川新書、参照。
＊28　日笠　端（１９８６）『都市計画』、共立出版
＊29　ケヴィン・リンチ（１９８１）、三村翰弘訳（１９８４）『居住環境の計画―すぐれた都市形態の理論』、彰国社
＊30　ヴァルター・ベンヤミン（１９７０）『複製技術時代の芸術』、晶文社
＊31　Christopher Alexander (1979) *The Timeless Way of Building*, Oxford University Press
＊32　Michael Parfect, Gordon Power (1997) *Planning for Urban Quality*, Routledge
＊33　日本建築学会編（２００９）『生活景―身近な景観価値の発見とまちづくり』、学芸出版社、ならびに日本建築学会編（２０１３）『景観再考―景観からのゆたかな人間環境づくり宣言』、鹿島出版会
＊34　C・アレグザンダー他（１９７７）、平田翰那訳（１９８４）『パタン・ランゲージ』、鹿島出版会
＊35　G・カレン（１９７１）、北原理雄訳（１９７５）『都市の景観』、鹿島出版会
＊36　拙稿（２０１４）「景観―奥松島地域の景観特性と景観形成課題」、宮戸・野蒜地域の文化遺産の再生・活用検討実行委員

会『奥松島―自然・景観・歴史・文化』pp.215-263

＊37　リチャード・フロリダ（2008）、井口典夫訳（2009）『クリエイティブ都市論―創造性は居心地のよい場所を求める』、ダイヤモンド社。フロリダ氏は、「居住地と幸福に関する調査」を行い、①治安と経済的安定、②基本的サービス、③リーダーシップ、④開放性、⑤美的感覚のどの要因がコミュニティの特質として求められているか分析し、美的感覚と基本的サービス、次いで開放性が重要であると結論づけている。pp.191-219

＊38　「街並み設計」「街並み計画」「まちなみ計画」といった言葉も使われている。「家とまちなみ」、住宅生産振興財団 no.69, 70、ならびに巻末の文献リスト8参照。また、建築の側からも街並み形成にどのような形で貢献できるか模索されている。布野修司（2000）『裸の建築家―タウンアーキテクト論序説』、建築資料研究社

図12.1　意思決定理論による計画タイプ Feldt, Allan G.(1988) より[*1]

12章　漸進主義とマネジメントという新たな計画観

計画型の混在するハイブリッドな都市計画

意思決定理論においては、合理主義(rationalism)、理想主義（utopianism）、手段主義（methodism）、漸進主義（incrementalism）といった区別がなされている（表12・1）[*1]。合理主義とは、目標が明らかにされ、かつそこに至るためにどのような手段を用いれば良いかわかる場合の意思決定の仕方である。これに対し、目標はわかるが、いかなる手段で到達できるかわからない場合には理想主義をとり、逆に、手段は確かであるが、目標がわからない時は手段主義をとり、目標も手段もわからない時は漸進主義をとる。これは社会システムがどのようにして変化し得るのかという理論でもあるが、都市計画も、その置かれた状況に応じてこのような計画型をとることになる。[*1]

これまで見てきたように、都市化時代の都市計画は、将来人口やそのために必要な宅地供給量、さらにはインフラストラクチャの整備量といった目標が定まり、そこに至る方法も組み立てられたので合理主義的アプローチをとった。また、温室効果ガスの削減のような今日のマクロな環境問題に対しては、目標は明らかだが、そこに至る方法が見えないので、理想主義的アプローチをとらざるを得ない。

もし、あなたの町の都市計画課が、自分の町の課題は何か、そのために何をすれば良いのかなどといった探究心を持たず、定型の業務と国の補助事業に関わることだけを行っていたら、それは手段主義に陥っていると見るべきであろう。担当者は制度化された手段には従っているが、彼らにとっては、行うということに意味があるのであって、何かを達成しようという目的意識は希薄である。実行して効果が不十分だからといって責任を問われることはないからである。これに対し、目的も手段もわからないが、なんとかしなければと動きだすのが漸進主義である。これだけでは誤解を与えかねないので、後でまた説明を加えるが、この漸進主義がまちづくり型の開発を進める上で重要なアプローチとなる。

都市化時代には都市計画とは合理主義的なものだと思っていた。確かに、第I部でマスタープランを「物的計画型」と称した状況まではそれで良かったが、「合意依拠型」と称した状況となるとその合理性があやしくなった。中心市街地の活性化も含め都市計画課題を解くことに目標が移されたにもかかわらず、計画実現手段は従来の具体の都市計画からあまり変わらなかった、あるいはすでに計画決定した具体の都市計画の部分については手をつけず多少の上乗せをしたにすぎなかったからである。そして、その結果、課題解決に関し説得力のある組立てができないマスタープランは、関係主体の間での合意だけが頼りという状況となったものと理解される。

今日、すでにポスト都市化時代に足を踏み入れているが、これからの宅地需要等を考えると、まちづくり型の開発を進めることやマクロな環境問題への対応などの重要性が増し、結果として、型の異なる計画が同居する状態となろう。その場合、異なる型の計画を混同してはならず、むしろ、今取り組んでいる課題がどの型の計画を要求しているのかを理解し、その型に応じた考え方や展開の仕方をすることが重要と思われる。[*2]また一方で、特にこれから重要性を増すと見られる漸進主義的アプローチや理想主義的アプローチにおいては、マネジメントという考え方が重要になろう。

帰結主義とマネジメントの重要性

私たちが何か目標を達成しようと思えば、それに向けて努力をし、時々チェックをして、目標達成に向かっているかどうか確認し（評価）、必要であればそこで努力の仕方を変えるなど軌道修正（フィードバック）をしなければならない。重要なのは目標に到達することであって、ステップを踏んだという事実ではない。このような考え方を計画の帰結主義と呼ぶことにする。行為の倫理的評価を問う場合、動機を重んじるか結果を重んじるか、あるいは義務という絶対的な尺度によるべきかと考えるが、帰結主義とは結果を重視するものである。[*3]

計画的行為も帰結主義に立つ限り、この評価とフィードバックを繰り返し行う必要が生じる。この計画の漸進的推進（漸進主義とは限らない）は「マネジメント」という考え方と通じるものがある。マネジメントとは経営ないし管理と訳されるが、経営学のテーマであり、他の領域でマネジメントといったときには、経営学的知識を活かそうという意図もうかがえる。もともと、ラテン語の手（manus）から派生し、「うまく操作する（手綱をとる）」といった意味から発達した言葉のようである。[*4]

都市計画でマネジメントという時には、何をマネジメントするのかを意識する必要がある。[*5] 計画自体を管理しなければならないという考えは以前からあった。合理主義的アプローチをとってきた従来の都市計画では、計画策定とその計画実現手段の運用過程とが明確に分かれ、状況の変化などに対し柔軟性を欠いていたことは課題であった。そこで、計画をつくったらおしまいということのないようにいわれてきたし、ローリングといって、一定期間ごとの見直しを計画に組み込んだりもしていた。マネジメントサイクルとして知られる、計画をし（Plan）、実行し（Do）、評価し（Check）、対応策をとる（Action）というサイクル（ＰＤＣＡサイクル）は、こうした改良をさらに推し進めたものと思われる。しかしそれだけでは有効なマネジメントとはならない。マネジメントも手続化すれば、早晩形骸化するからである。

マネジメントはどの計画型に対しても考えられる。しかし、合理主義的アプローチをとる計画に対するマネジメントの効果は限定的であって、[*6] 理想主義的アプローチや漸進主義的アプローチといった計画型においてこそ、マネジメントの真価が発揮されよう。これらの計画アプローチにおいては、適切な手段が何であるか予めわかっているわけではないので、漸進性とマネジメントは必須のものとなるからである。何か手段を施してみては、その効果がいかがか確かめ、フィードバックする必要が生じる。

マネジメントはその対象とするシステムの特性に応じて考える必要もある。多様な価値観を持った自由な人々からなる（つまり緩《ゆる》やかに結合した）今日の都市社会においては、人々の行動を左右しているものが経験や知識であることを考えると、市場を通じ、あるいは情報提供等を通じて働きかける適切な関与手段を考案することが重要である。

さて、これからの時代、特に総合的な開発を通じ地域をイノベーティブにしてゆくことが一つの課題と考えられるが、そのようなことが行政のしくみの中で可能であろうか、言い換えると、行政は漸進主義的アプローチをうまくマネジメントし、本当に有効な手段とできるだろうか、というのが次の問題である。

漸進主義となるまちづくり型開発のマネジメント主体

繰り返しになるが、公的主体が推進するまちづくり型開発というものを仮に考えると、これまでの市民主体で行ってきたまちづくりと同様に漸進主義をとることになろう。すなわち、その総合的開発を推進するのは、試行錯誤の取組みである。目標は予め定まるように思われるかもしれないが、関係者何人かの脳裡に目論見はあったとしても、実際にどの部分から開発がなるかわからないので、あたってみるしかない。そもそもこのような開発が漸進主義的アプローチとなるのは、一つには対象とするシステムが複雑で予め成功の条件というものが見えないからであり、一つには、そのシステムの特性が経験を通してしか見えてこないため、リスクを考えるとそこでの投資は小さく始めざるを得ないからであろう。後者は、経験に応じて課題の見え方が変わってくると考えるという点で、悪定義問題の構造[*7]ともいえよう。

これまでに中心市街地活性化がうまくいかなかったのは、行政の縦割りの枠に阻まれ手段に工夫の余地が少なかった上に、問題構造の解明も不十分で、経験の蓄積もなかったからであり、当然の結果と思われる。逆にそのマネジメントに必要なことは、多々考えられるが、少なくとも今述べたことの裏返しとして、①関与手段については縛りを設けず自由に発想し、②アクションを行うことを通じて、その反作用として問題構造や地域のシステム特性を発見的に見出してゆき、③その経験を通して知識を蓄積してゆくことが考えられる。

このように考えただけでも、公的主体が漸進主義的アプローチならびにそのマネジメントに馴染まないのは明らかであろう。それは何よりも彼らの多くが普段「主体的行動」をとっていないからである。ここでいう主体的行動とは、まさにマネジメントの主体としての行動である。状況を見て臨機応変に対応し、試行錯誤し、自ら考え自らの責任において行動することである。

行政という公的主体は、たいがいこの反対の行動をとっている。予算と制度に基づいて行動しており、裁量は一定の枠の中に限られている。その分、責任も限られる。もちろん個々人としては誰しも主体的であろうが、行政組織の中では課や係としての対応が問われ、個人の顔は見えなくなる。誰が担当であっても同一の行動がとられることをもって良しとする。こうした行政が持つ独特のマインドは漸進主義的アプローチとそのマネジメントに馴染まない。

こうした場合、委員会組織を立ち上げるのは一つの方法である。その場合、一定の主体性が生まれ、経験の蓄積が可能になるが、状況の変化に対応した速やかなリアクションや大胆なアクションはとりにくく、また顔が見えない点に変わりはない。

では、開発に関しては従来通り地域住民の主体的な行動に任せておくべきという主張もあるかもしれない。しかし、ＮＰＯなどの住民組織は、そのミッションに共鳴して自発的に集まった組織であり、＊8その継続性を保障するものはない。自らの生活や生業に関わることとして取り組む人々が中核にあって、私益の追求と公益の追求が両立する場合や、ソーシャル・ビジネスを行う社会的企業体としての発展をめざす場合など、活動を継続発展させるためには一定の条件があるように思う。また、商店の入れ替わりの少ない地方都市では、商店街の社会的関係も安定しており、内部からの変化を待っているだけでは、急にイノベーティブになったりまちづくりに取り組み始めるということはなかろう。外部からの何らかの梃入れが必要と思われる。

このように考えると、行政の持つ継続性、信用、責任能力等の長所と、市民や市民団体等が持つ自由な発想、行動、主体性等の長所を組み合わせる必要があるということになる。それは、意欲、能力を持った人あるいは人々を中核に据えて、一方では地域内での対話を進め、一方では行政内各課との調整を行うといったしくみをつくることでもある。それはまた、専門知識を投入したり、地域内の人々には刺激となる機会を設けたりしつつ、行政に対しては効果的な助成制度を組み立てさせるなど両者のつなぎ役となることでもある。地域や行政の両システムに対する理解を深めながら、イノベーティブになれる主体の形成でもある。

権限移譲（エンパワーメント）による主体性の確立

これまでは役場の中でまちづくりに対して主体的に行動できたのは、第一には首長であった。選挙で選ばれている上、目的意識も持っており、一定期間の後には成果が問われるからである。もちろん行政マンの中にも熱心な人がいなかったわけではない。しかし彼らは適切なポストが与えられないとその能力を発揮できない。ポストが変わると急に目立たなくなってしまったりする。それに対し、首長は、能力がありさえすれば主体的に行動できるポストである。私がこれまでに関わった町でもまちづくりが活発になされたのは、首長と何人かの意識の高い行政マンがいたところである。しかし平成の大合併で、そうした元気のある自治体のいくつかが失われたのは残念なことである。組織の大規模化と官僚化は、漸進主義的アプローチのためのマネジメント能力を阻害する。それは、地区と首長の距離を遠ざけるからであり、また多様な地区をかかえることになり、特定の地区の面倒だけを見るわけにはいかなくなるからでもあろう。

主体性がなければイノベーティブになりようがないのは自明のように思われる。何事でも、私たちは主体的に取り組む時に真剣になる。その場合には、四六時中考えては、アイデアを出す。しかし、主体的に取り組まなければならない理由は、真剣さだけではなく、知識生成という点での重要な問題に関わっているように思われる。私たちが有意義な行動を行うには、対象に関する十分な知識が必要であることはいうまでもないが、その場合、明示化された形式知ばかりではなく、暗黙知の重要性を忘れてはならない。新たな経験をする時、理論的にはわからなくとも、しばらく経験を繰り返すと、こつがつかめる。対象とするシステムの挙動が何となく理解できるようになる。この経験した本人しかわからない微妙なこつやシステムの主観的な理解が、ここでいう暗黙知である。[*9]

どのような領域であっても、必要なのは単なるアイデアではなく、実際的なアイデアであり、現実の諸条件の下で展開できるアイデアである。そのようなアイデアを生み出すためにも、身をとりまく現実の諸条件を、主観的にで良いので、摑む必要がある。それも暗黙知である。

主体的に取り組まなければ見えてこないのであれば、主体的行動がとれる組織を生み出す他はなく、権限委譲（エンパワーメント）のしくみが必要となる。たとえば特定地区や特定テーマに関するまちづくり型開発の主体を、一定の期間、一定の枠内で、権限と予算を与え、その中での自由な取組みを求めることによってつくりだせば良い。

もちろん、これまでにも、主体的で意欲的な都市計画を行ってきた自治体がないわけではない。典型的なのは横浜市が田村明氏を中心として展開した都市デザイン行政の例であろう。[*10] ただし、横浜市に企画調整室ができたのが昭和四三年（一九六八）であったことからもわかるように、それは都市建設を巡る総合的な都市デザインの展開であった。都市の総合的な空間を生み出すために、行政の縦割りを超えて横に連携し、国ともやりあって、豊かな空間をつくりだしていった。それに対し、今日では条件は厳しくなっており、開発利益を生み出すためには、物的空間形成の知識のみならず、情報発信やネットワーク形成にも長けていなければなるまい。しかし、それでも横浜市の事例は、行政という組織にも可能性があることを示している。

また権限委譲の対象は、行政内部の人材であってても、外部からの登用であってもよかろう。あるいはまた、民間企業や社会企業にも可能性があろう。[*11] 行政は、地域住民の権利が侵害されることのない範囲で、行政と地域住民との仲立ちをする主体の自由を認めれば良い。

権限委譲の際に必要なのは、選考のしくみであるが、目標も手段も事前に明確にならないということを前提としているのであるから、そこで比べるのは計画提案ではなく、イノベーティブな能力や状況を捉える能力、そして具体的に示される考え方の枠組みであろう。計画提案で選んでしまっては、その主体は計画を遂行することに終始することになり本末転倒となろう。[*12] 権限を委譲される主体に求められるのは、事後のアカウンタビリティであり、結果責任である。

しかし、行政マンがそのキャリアの一定期間をこのような状況の中で力を発揮することは、行政組織自体を活性化するためにも良い効果をもたらすことであろうし、民間企業などで力をつけた人が、リタイア後にふるさとのために力を発揮してもよかろう。研究者の中にも、そのような権限が与えられれば理論を実践に移してみたいと思う人もあろう。

このようなマネジメントは、ダイナミックな状況を前提としており、イノベーティブになれる機会を生みだすという点でも、情報化・知識化が進む時代に、重要なアプローチだと思われる。

12章　註

＊1　Feldt, Allan G. (1979, 1988) *Planning Theory*, A. J. Catanese and J. C. Snyder ed. *Urban Planning*, McGraw-Hill Book Company

＊2　たとえば、理想都市を力ずくでつくってしまおうなどと考えない方が良いし、まちづくりをマスタープランに唱ったからといって進展があるものでもない。
＊3　『哲学・思想事典』、岩波書店、参照。他は、それぞれ動機主義、義務論と呼ばれている。
＊4　Online Etymology Dictionary 参照
＊5　国土交通省の社会資本整備審議会・都市計画・歴史的風土分科会、都市計画部会、「新たな時代の都市マネジメント小委員会」では中間報告をまとめている。そこでは、①地域を長期的・持続的にマネジメントする視点に基づく施設・インフラの計画・整備や管理運営、②地域を運営する主体との協働（エリア・マネジメント）を取り上げている。多田龍介（２０１５）「新たな時代の都市マネジメント小委員会中間報告の概要」新都市、vol.69, no.9, pp.6-9
＊6　合理主義的アプローチの場合、目標も手段も明らかなので、フィードバックといってもその量と時期の調整にすぎない。手段主義の場合は、単一の事業等に対する評価を考えることになろう。しかし、この場合は、評価で得た知見をどのように次に伝えるか、あるいは、その情報をどのような主体と共有するかなどといった点で工夫がない限り、単に手続きを増やして終わりかねない。
＊7　福地信義（２００６）『悪定義問題の解決―数理計画学』、九州大学出版会
＊8　Wikipedia. 2016.10.15 参照、「社会的企業」「ソーシャル・ビジネス」
＊9　野中郁次郎、竹内弘高（１９９６）『知識創造企業』、東洋経済新聞社。このマイケル・ポランニーの見出した、暗黙知、形式知に着目し、両者のサイクリックな変換に知識マネジメントの可能性を説くのが野中郁次郎らである。
＊10　田村明（２００６）『都市プランナー田村明の闘い―横浜〈市民の政府〉をめざして』、学芸出版社
＊11　エリアマネジメントと呼ばれる一連の活動が考えられる。保井美樹（２０１５）「イギリスにおけるエリアマネジメントの仕組みと展望」、小林重敬編著『最新エリアマネジメント―街を運営する民間組織と活動財源』、学芸出版社、pp.31-40はイギリスのＢＩＤが①日常的な維持管理から、②緑化やイベント、さらには③ＱＯＬに関わることへと役割を高めていったことを記している。しかし、本稿で考えるような積極的なまちづくり型の開発にまで至るかどうかはわからない。
＊12　そもそも、サービスの代行を求める場合と、まちづくり型の開発のための漸進的で創造的なマネジメントを求める場合では、主体の選考の仕方が異なると思われる。

13章　生活空間の対話的構造と計画的アプローチ

計画観の違いと生活空間の対話的構造

漸進主義は、「将来の目標像をある時点で描くことができる」という合理主義的な見方をとらない。それはまた、絶対的な理想像を掲げて進む理想主義とも異なる。理想主義にとっては、目標は計画の中で像として具体的に示したりするものではなく、現に具体化すべきものなのだ。

もちろん、このことは、漸進主義が、将来の目標像が描けないような事象を扱い、あるいは将来の目標像が描けないような状況の中で計画的アプローチを考えることを意味している。「計画的アプローチ」という言葉の意味と矛盾しているように思われるかもしれないが、「計画的」という言葉に対する私たちの固定観念の方を変えるべきであろう。[*1] 理想主義に立つ環境マネジメントのようなアプローチ、すなわち地域内メカニズムの解明、継続的な詳細な調査（モニタリング）、情報の可視化といった科学技術的アプローチと同様に、漸進主義に基づく権限委譲、マネジャーやマネジメント組織の育成、行動しながら学んでゆく取組みなども、計画的アプローチという言葉のうちに加えようというのである。

さて12章では、システムの複雑さや将来に向かう開発的見通しがきかない場合に私たちは漸進主義をとらざるを得ないと考えたが、扱う空間のレベルが都市から地区へと変わった時にも、先の見通しがきかないことに戸惑いを覚えることがしばしばある。必要な機能、要素はわかっているので、自分でレイアウトして構想を描いてしまえばすぐにでもその地区のめざすべき姿が描けそうな気がするが、そのようにして描いたプランが妥当性を持つかといえば、おそらく持たないだろうとも思う。理由は後で説明するが、地区の将来の目標像が簡単には描けないとわかるのである。

マスタープランの地区別構想もこれに似た難しさ、ないしは不満足感を覚える人がいるのではなかろうか。都市全体のインフラ整備や土地利用規制の課題を地区別に述べることはできても、地区自体がそれをいかに受け止め、地区としてどのように成長を遂げようとするのかはまた新たな議論である。加えて、都市全体で考えたのと同じ論理でその将来像を議論することもできそうにない。

以上は当然のことで、地区スケールになると、対話的構造を持った生活空間が見えてくるからである、と、仮に説明しておこう。ここで名づける「対話的構造」の説明を以下で行うことにする。

地区スケールの空間は都市空間とは異なる特性を持っている。そこでは、一人ひとりの顔が見えてくるし、そこに住む人には、この地区の様々なものごとがなぜ今のような状態にあるのか、これまでの経緯が、各々なりに見えている。外から訪れた私たちにも、地区のあらゆるものに歴史的な意味づけがなされていることがわかる。居住者に尋ねると場所のいわれが語られたりする。個々人の思い出のこともある。確かに問いかけなければそこにあるだけのものだが、こちらが関心をもって調べたり問いかけたりすれば答えが返ってくる。

それはまた、関係性に満ちた空間であり、人と物の関係、物を介した人と人との関係がある。それは地区の人々がこの地区について語る時の共通基盤となっており、またここで何かものごとを起こそうとした時に、その合理性を判断する時の基盤となるものである。私たちの議論は空間的なものごとに限定されてはいるが、このような意味で、生活空間は「生活世界」（Lebenswelt）の性格を持っているといえよう。[*2]

こうした関係性の下に成立している「普通の町」の景観を、私たちは「生活景」と呼ぶことにしている。[*3] それは地域の人々の環境との関わりがうかがえる景観であり、人々の生活が滲み出す景観であり、子どもたちの生命的接触を可能とする環境の景観であり、ふるさととなる景観である。感性で捉えて喜びを感じる景観である。このような環境は徐々にしか変化しないように見える。人間のスケールで空間を捉えているためだと思われるが、人の移り変わりに応じたペースで環境も徐々に変化してゆくように思える。自ずとその空間は歴史性を帯びている。

しかし、背後に人々の生活があり、また意味を問うことができるといった特性は都市空間でも同じであって、スケールが違うだけのことだといわれるかもしれない。あるいは関心の向き方が、都市を考える場合と地区を考える場合とでは異なるだけだといわれるかもしれない。確かにそうかもしれないが、今問題としているのは、計画のスケールが変わることによって、私たちが向き合わなければならない世界が異なり、結果として、計画に要求される合理性というものが異なるということである。

地区のスケールでは、その環境のあり方を考える上で、この一人ひとりの考え、場所それぞれの意味が重要性を持ってくるのであり、そこで合理的な判断とは、歴史と現状を踏まえたものであり、関係者間で妥当な建設活動と見なされるものである。たとえば、そこには法の定めること以外に暗黙のルールやマナーがあり、近隣への配慮や説明が必要となるかもしれない。しかし、それは対話の中で解決することかもしれない。つまり、ここでの合理性とは、与えられた条件から一意的に定まるものではなく、互いに納得でき、新たな関係を取り結べるものとして、対話のうちに可能性を開いたものと考えられる。

つまり、このような環境に対する提案の妥当性は、その提案自体の内容の客観的な評価によるのではなく、もちろんそれが不要だといっているのではないが、それに加えて、環境との対話、地域の人々との対話を経る中で新たに関係性を結び直すことによって得られるものと考えられる。

環境に対しては、問いかけてみなければその意味は明かされない。すなわちスタディをし、地元の人にも問うてみなければならない。そこには何らかの手続きが必要である。地区の将来像は簡単に描けそうで描けないことは、これで納得されよう。ここでは住民参加は、形式的なものでも、権利としてあるものでもなく、将来像を描き出す上で本質的なものである。

しかしこうした対話も地区の関係性を解明する（客観的に明らかにする）ものではない。対話を経ても、人々がどのような反応をするのかは相変わらずわからず、そこに地区というブラックボックスがあることに変わりはない。

建設や計画的行為は、地区の空間にある様々な関係性を攪乱し、あるいはまた掘り起こす。しかし、最終的には、また新たな安定点が見出され、その関係性も再組織化されるのである。このような関係性によって支えられた構造をここで対話的構造と呼ぶことにしたい。

ハーバーマスのコミュニケイション的な合理性との異同

この構造を考えるにあたって、ハーバーマスの議論を振り返っておく必要がある。本稿はそれに影響されながら、かなり逸脱していることをお断りしておかなければならない。

ハーバーマスは、生活世界を基盤として、コミュニケイション的な（コミュニケイションを可能にする）合理性がいかに成立するのかを論じている。[*4] ここで生活世界とは、コミュニケイション的な行為を成り立たせるために人々が共通基盤として持っているものをいっており、私たちのような物的な環境のことをいっているわけではない。

また、合理性を問うそのコミュニケイション的な行為とは、理論的な討議から審美的批判、あるいは自己表示するものまで様々なものが想定されているが、いずれも明示的になされるものをいっており、その捉え方自体が極めて理知的であり合理的である。

それに対し私たちがここで考えている対話とは、人が人や物に対して向き合うこと、問いかけることであり、必ずしも明示的なものとは限らない。返ってくるだろうと期待しているものも、こちらが無自覚であったことや、地域の人々が忘れていたとしても何か問題が起きれば思い起こされるようなものなど、必ずしも客体側のものとは限らず、自己解明に関わるものを含んでいる。

しかし、私たちのように「コミュニケイション的な行為」や「合理性」の範疇を最初から大きく広げておけば、地区スケールで見た時に見えてくる生活空間の特性がわかりやすくなるし、このレベルでの計画の合理性を考える手掛りとなる。つまり、「個人と集団がそのなかで合理的な行為を志向できるような生活世界の構造」[*5]を考えようという指向性において共通するものがあるように思われる。

また、ハーバーマスは、近代化をシステムと生活世界との分断として捉えているが、それは経済的な合理性が貫徹しようとしている都市スケールの空間と、まだ生活世界の特質を残している地区の生活空間とに対比することができよう。生活空間における計画的行為のあり方を考える上で、ハーバーマスの議論を重ねてみることは私たちにとって無意味なことではないと思う次第である。[*6]

地区計画に対する期待と誤算

地区スケールの空間が、対話的構造を持った日常生活空間の特質を保っているとしたら、そこでの計画は、都市スケールの計画と同じように考えるわけにはいかない。少なくとも合理主義的アプローチではなく、漸進主義的アプローチをとり対話を重ねることが重要といえよう。地区スケールの計画手段として地区計画が制度化されているが、それ自体、当初期待されたものとは大きく異なった。しかし、この落差に対する失望感は、生活空間の特質を踏まえた計画アプローチをとらない限り埋められないのではないかと思うのである。

地区計画制度の創設は、昭和五五年（一九八〇）のことである。その創設に際しては多大な期待が寄せられた。当時、線引きは始まっていたものの市街化区域内のスプロールが心配される状況であり、それに対応する制度が求められていた。また、住環境整備の要求は高まりつつあったし、住民のソフトなニーズを受け止めるコミュニティ施策も求められていた。敷地単位で行われる建築規制と都市計画の間をつなぐ空間づくりも必要と考えられた。[*7]こうした要求に応えるものとして地区計画が構想されていた。また、制度創設後しばらく運用された後には、市町村マスタープランの実現手段として位置づけられ、既成市街地の整備にも効果を発揮するものと期待された。

確かに、地区計画の制度はできたし、年々適用件数は増加しており、平成二六年（二〇一四）には七六〇都市六、六八三地区にのぼっている。[*8] この制度により、地区単位で規制手法と事業手法を一体的に運用できるようになっており、都市計画の詳細化がなされたといえよう。[*9] しかしその運用実態はというと、土地区画整理事業等の基盤整備がなされている地区での運用が多いことが指摘されており、[*9] それは当制度が用途地域の補完手段[*10]として機能しているからと理解される。また、近年は対象地域が市街化調整区域にも広げられた結果、市街化調整区域の開発手段のように使われる例も生まれており、線引き制度の補完手段ともなろうとしているかのようである。いずれにしても当初、期待されたような総合的な地域づくりの手段として機能するものとはならなかった。

現時点において、一方では、当制度の空間コントロール能力の強化に向けた見直しという考えが出されることは理解できる。かつて目論まれていた計画許可制を踏まえると、土地と上物の一体的なコントロールを可能にして、街並形成の手段として機能させることが一つの課題であることはわかる。[*11] しかしもう一方では、社会的プロセスを含んでいなかったことが最大の難点のようにも思われる。手続きの規定が不足しているのである。しかもそれは、制度としての法的手続きではなく、森村道美（東京大学名誉教授）が指摘するような熟度を高めてゆくための地区のまちづくり過程として備えるべきものと考えられる。[*12]

漸進主義的アプローチの下での再構築

すなわち私たちは、ここで再び地区のスケールが対話的構造を持った生活空間であることを思い起こす必要がある。その構造ゆえに、合理主義的にその将来像をある時点で描くことはできない。たとえ描いたとしても、それはこの生活空間を近代的なシステムに転換してしまうことになろう。結局、歴史を掘り起こし対話を重ねながら諸課題を解いてゆくといった漸進主義的アプローチを、ここでもとることになる。

つまり、マネジャーもしくはマネジメント組織を置いて、時の経過とともに地区に生じる出来事を受け止めたり、対話的な活動を様々に起こしてゆくことが考えられる。ビジョンといっても、刻々と人の考えや思いは変わってゆくものであって、確固としたものが描けるわけではない。しかしそうした中でも何らかの共通認識を対話の中から図や文章に落としては多少なりとも共有者の輪を広げたり、昔からあって人々が大切に思うランドマークなどを改めて確認したりすることが期待される。種々の課題を解くために共創的なプロジェクトを仕立ててゆくことができればなお良い。生活空間の特質を守りながら進めるそうした漸進的メカニズムを都市計画の制度のうちに加えることは、ポスト都市化時代を迎えた今こそできることではあるまいか。

13章　註

＊1　計画（plan）は、その初源的な意味において、平らな面（ラテン語の planum）に描くことであり（Online Etymology Dictionary

＊2　参照）、物的な空間と結びついており、将来像を描けないものを扱う場合をも計画的アプローチに含めるということの企ては無謀のように思われるかもしれないが、それぞれの計画型に応じた合理的なアプローチという意味に解釈すれば良い。もともとはフッサールが提起した概念である「生活世界」が、私たちの「日常の生活空間」に通じる性格を持っているのは当然として、そこから発展した哲学的思索の一部分を再び、私たちの物的・社会的・精神的な「日常の生活空間」の特性を分析するために借りてくることになる。

＊3　日本建築学会編（2009）『生活景―身近な景観価値の発見とまちづくり』、学芸出版社、ならびに日本建築学会編（2013）『景観再考―景観からのゆたかな人間環境づくり宣言』、鹿島出版会

＊4　ユルゲン・ハーバーマス（1981）、河上・フーブリヒト・平井・藤沢・岩倉・徳永・平野・山口・丸山高司・丸山徳次・厚東・森田・馬場・脇訳（上1985、中1986、下1987）『コミュニケイション的行為の理論』、未来社

＊5　＊4前掲書上 p.78

＊6　ハーバーマスの言葉を借りて、都市計画領域ではコミュニカティブ・プランニングという概念が生まれたが、住民意向を尊重することから、さらには住民の意見にすべてを委ねるといった極端な捉え方もされている。本書はそのような極端な意味でコミュニカティブという言葉を用いるものではない。

＊7　日笠端編著（1981）『地区計画―都市計画の新しい展開』、共立出版

＊8　平成26年都市計画現況調査（国土交通省）による。また、制度自体徐々に分化を遂げ、防災街区整備地区計画、沿道地区計画、集落地区計画、歴史的風致維持向上地区計画といった特定目的の地区計画制度もつくられているが、こちらの件数はまだ少ない。

＊9　森村道美（1984）「市街地の整備・再整備・保全を指向した全アプローチの中での地区計画制度」、都市計画 no.132 pp.74-79

＊10　日端康雄（1985）「わが国における地区レベルの計画規制システムの可能性と限界に関する一考察」、日本都市計画学会学術研究論文集 20, pp.217-222

＊11　日端康雄（2010）「ポスト工業社会の日本の都市計画制度」、新都市、vol.64, no.8, pp.28-34

＊12　＊9前掲書では、地区によって、検討の熟度を異にする多様な段階があること、その熟度を上げてゆくためのしくみが必要であることが指摘されている。p.78

Ⅲ　新たな都市計画像のラフスケッチ

14章　イノベーティブな都市計画への進化

都市計画変革の必要性（第I部より）

●最初の信用喪失：形式を保とうとしてはいけない

振り返ってみると、市町村マスタープランの制度ができた時には、すでにマスタープランは困難な状況にあったのかもしれない。その時は、そうは思わなかったのだが。当時は、地域の活性化、サステナビリティの向上、防災性能の向上、自然的歴史的環境の保全の課題など、寄せられる課題をすべて受け止めて将来像に託したので、市民の要望に応えられるような気がしていた記憶がある。技術的縛りが見えない時こそ用心すべきだったのかもしれない。

その頃、「物的計画型のマスタープラン」を必要としていた都市建設の時代はすでに終わり、安定成長期に入っていた。制度は、問題解決型の合理的なアプローチをとるようになっていたが、問題（都市計画課題）―将来ビジョン―実現手段、これら相互のつながりは極めて緩いものだった。結局、その後深刻化した中心市街地活性化問題に対しては十分な成果を挙げられずに今日に至っているし、地球環境問題や防災性能の向上にも、まだ都市計画が特に貢献したとはいえまい。

何せ、手段である具体の都市計画は都市建設の時代から変わっていないのだから、そのような広範な課題に急に実効性を発揮するよう期待されても無理であろう。むしろ広範化する課題に対し、関係諸主体の合意をとりつけるのがせいぜいで、本書では「合意依拠型のマスタープラン」と呼んだ（4章）。

中心市街地活性化のその後の成り行きは都市計画に対する重要な問題提起をしているものと理解される。まず、従来の合理主義的なアプローチでは対応できず、漸進主義をとらざるを得ないことは自明のように思われる。また、都市計画と商業振興など縦割りの弊害も乗り越えられておらず、基礎自治体においていかに領域を超えるしくみを確立するのかも課題である。また、そこに関わる関係諸主体が、あるべき将来に向けて変革を遂げるよう期待されているにもかかわらず、そのようにイノベーティブにはなりきれずにいる。これら課題を解くためにも、マネジメントが必要なのだが、適切なマネジメント主体も形成されておらず、その働きを保障する制度・財源も不十分である（5章）。

一方、市民の要求する都市的価値には、景観、アメニティ、賑わい、自然との共生など、間主観的な捉えが必要なものが多くある。それは経験される都市を問題としているからだが、そのような課題に応えるにも、合理主義的アプローチでは対応できず、漸進的に進めるマネジメントが必要である。

要求される課題の性格自体が変わっていたにもかかわらず、合理主義的な都市計画の形式を保とうとしたところに、信用喪失の第一の要因があると考えられる。

●二度目の信用喪失：できそうもないことをいってはいけない

立地適正化計画は、中心市街地活性化問題ならびにポスト都市化時代への対応を意識して登場している。しかし、都市化時代と同じように、市街地形態が都市計画の課題だと考えているところに第一の問題がある。さらに悪いことに、解決策として集約型都市構造の実現を唱うのであるが、自らが実効性ある制度となって、予算もつけて実現しようとしているのか、単に望ましい都市のメタファーとして掲げているのかが判然としないところに問題がある。効果がないことを前提にしている言説に信憑性などあり得ようもなく、立場をより悪くしているように思われる。

都市計画変革の方向性（第Ⅱ部より）

●歴史性の回復

しかし都市計画はどのような方向に向かうべきなのだろうか。それは都市計画の内部からだけ見ていては見えてくるものではあるまい。第Ⅱ部では、その変革の方向性を見極めるために、歴史的・空間的などの諸条件の変化に注目した。

都市化時代には、都市計画の役割は計画的な市街地の形成にあり、市街地形態に関心を寄せた。しかし、その関心は外縁部をどこに定めてスプロールを防止するのかというところに集中し、内部の空間的形態にはあまり注意が払われてはいなかったようだ。地方都市の市街地は専ら網状都市システムでつくられた。それは従来の単一中心システムとは異なり、自動車交通で支えられ、中心を持たず、居住機能と働く機能とがどこでも同じように混合しているシステムである。

また、市街地は簡単に変化するものではなく、歴史的な蓄積をつくりながら新たなシステムをその上に重ねてゆくように見える。実際、地方都市の中心市街地とそのまわりには、前時代の単一中心システムの名残が確認でき、今日の都市は、単一中心システムと網状都市システムのハイブリッドな構造を持つといった方が適切である（9章）。

これまでは、こうした市街地の空間システムの特性に応じた都市計画的対応はとられてこなかったが、ポスト都市化時代には網状都市システムの拡大も終わり、中心市街地やさらにその下層部に残されている前近代の歴史的骨格も含めて、これら積層された都市システムの再生・活用に努めるべきであろう。こうしてなされる歴史性の回復は、ポスト都市化時代に、多様性をつくり出すとともに、改めて都市の魅力を引き出すことであろう。

●価値の創造

これからの時代に、都市計画というものが社会技術として存続できるかどうかは、それが生み出す価値にかかっている。これまでの都市化時代にあっては、開発利益は労せずして得られたので、都市計画においてさほど意識されることはなかったのであろうが、しかし、ポスト都市化時代にあっては、いかに価値を生み出すかが問われよう。

本書では、これまでも都市計画を支えてきた二つの価値の源泉、すなわち社会経済的な開発と環境の向上に着目し、これからの時代においても、それらが都市計画を支えるような基盤となり得るものかどうか問うてきた。

前者については、これまでの都市化に代わり情報化・知識化がこれからの発展動向と考えられ、都市計画は、そうした動向を促進したり、あるいはその動向の中で見失われがちになるものを補ったりする役割を果たすものと思われる。それがすなわちイノベーティブな都市計画であるが、その一つの手掛りとして、これまでにも市民主体で行われてきたまちづくりを発展させ、普遍化したところに、まちづくり型の総合的な開発というものを考えることができる。

後者については、ますます深刻化するマクロな環境問題が、政策課題としての重要性を高め、さらに広く対応策を求めることになろう。しかしそれは、これまでのような都市計画手段によって、あるいは地方自治体という末端の現場だけで、応えられるような問題ではない。そもそも理想主義的なアプローチをとることになり、合理主義的なアプローチを都市計画がとっている限りは、連携も難しかろう。まずは国レベルで総合的な政策ミックスを築き、状況を見ながらマネジメントを進める必要があろう。その場合、人々の価値観の相違もあり、市場の調整機能を活かすために経済的手法をベースにすることが、効率性・公平性を保つことになろう。一方、都市計画がまちづくり型の総合的な開発を展開するなら、その中に、そうしたマクロな環境問題への貢献を組み込むことが可能になろう。

また、魅力的な都市空間の形成は都市計画の本来的役割であるが、このかた、現代都市空間すなわち網状都市システムの形成にかまけて、本当に魅力的な空間というものを生み出してきていないことにも改めて目を向けるべきであろう。それは都市計画ならではの価値創造を問うものであるが、そのためには都市計画が内に持つ価値観を改めて問うことにもなる。そしてこの課題は、具体の都市計画という計画の大本《おおもと》からの見直しにも関わることになろう。

イノベーティブな都市計画

●計画型、特に漸進主義

都市計画が今日的課題に関して実効的になれず、結果として説得力を失っているのは、一つには課題の性格に応じた計画型をとっていないからであろう。特に、課題が複雑であったり、開発のように進展に応じて課題の見え方が変わってきたり、地区の環境のように「対話的構造」を持っている場合などでは、目標も見えず、適切な手段もわからないので、漸進主義的アプローチをとらなければならない。

その一例となるまちづくり型の開発とは、市民主体のまちづくりと行政主導の都市計画の良いところを組み合わせ、地域の総合的な開発を漸進主義的アプローチの下に進めようというものである。

●人間＝環境系と情報・文化

今日のように新たな市街地形成の量も重要性も低下してゆく時でも、そうした総合的な開発に可能性があると考えるのは、環境、イメージ、サービス、アクティビティ、コミュニケーションといったものが適切に組み合わせられた時、そこに価値が生まれると考えるからであり、これこそ都市計画的新結合（イノベーション）だと思われるからである。この時、都市計画が働きかけるものは単なる物的環境ではなく、人間＝環境系である。この系の上に生まれるイメージや人間行動は限りなく変化し続けるからこそ発展が可能になるのである。また、人間と環境との相互作用に介在しているのが情報や文化であり、それらを通じて、この系の成長を促そうとするのである。

●マネジメントと主体性の回復

しかし、そう簡単にならないのは、知識や適切なマネジメントの欠如によるものと考えられる。また、行政がこのような漸進的で創造的なプロセスに関与しにくいのは、主体的な取組みをする習慣を欠いているからであろう。主体的に取り組んではじめて経験的知識は得られる。特にまだ言葉にはならないながらも対象システムの特徴を摑むところに暗黙知の働きがあり、それを得るためにも主体的な取組みが必要である。その上で、帰結主義に立って適切な結果を得ようと試行錯誤することが、マネジメントの基本と思われる。

主体的な取組みは、自らもその過程を通じて変わってゆくことを意味する。そのようなダイナミックなプロセスに身を投じることが、都市計画自体をイノベーティブなものにすることになろう。

●イノベーティブな都市計画へ

こうした取組み方は様々な場面に応用されよう。これからの時代に求められる社会経済的開発のみならず、環境向上の諸テーマに対しても、あるいはさらに自らの方法に対しても、イノベーティブとなることによって都市計画は有効性を回復してゆくことが期待されるのである。

このような方向性を一般化して「イノベーティブな都市計画」への発展と呼ぶことにしたい。またその時点で、マスタープランニング（マスタープランを改めこのように呼ぶことにしたい）、すなわち計画的行為に合理性と正当性を付与するしくみは、断片的な諸活動の間につながりを見出したり、計画型の異なる取組みの間を調整したり、評価や権限委譲を行ったり、研究の成果を取り込んだり、人と人をつないだり、市民とのコミュニケーションを広げるなど、様々な媒介的役割を果たすことになるのではないかと考えられる。それは、継続的になされているマネジメントの中に、結節点となる時と場を設けることになるのではなかろうか。

●マスタープランニングのもう一つの役割

この段階では、めざすべき都市の全体像もまた動的なものとなっているものと見られる。今日でもそうだが、都市全体のことを考えるのはマスタープランの策定期間だけではなく、個々の部分的課題に直面している時でもある。部分のあり方を考えるには、全体のあり方を問わなければならないからであるが、この部分と全体の往還が重要と考えられる。

これまでは部分を物的なものと限定して捉えていたから、全体も物的・機能的な秩序として描かれていたのであり、部分が人間＝環境系の諸側面へと拡大するなら、描かれるべき全体はその判断を支えるさらに総合的で、優れた構造的モデルでありながら価値規範体系とも結びあうところの都市像ということになろう。すなわちマスタープランニングという行為は、都市の物的な形態や機能が捉えがたくかつ動的になってゆく時代にあって、「都市」というものの理念や価値を描き出し模索し続ける試みになるのではないか、それが方向を見定めがたいイノベーティブな取組みに対して、公共性ならびに正当性を保障するしくみとなるのではないかと期待するのである。

15章　めざすべきものは何か

最後に、思うところを述べてあとがきの章としたい。都市計画の危機を招いているのは、都市化時代を後にしたからではなく、むしろ長い間都市化時代という幸福な時代を過ごしてきたために、都市計画がそのよって立つところやその本来持っていた目的を忘れてしまっているからではないかと思う。

都市計画の本当の危機

都市計画という社会技術の究極の目的は、歴史の発展動因と同じで、私たちが自由になり、私たちの生が充ちたものとなることにあるのだと思う。都市化時代はこのことすら意識する必要がなかった。なぜなら、都市化も、経済発展も、科学も、みな私たちをより自由で豊かにするものだと信じていられたからであり、また計画的プロセスは急激な発展を遂げる社会経済の荒波に抗して、自らの環境、さらには自らの運命を、十分に制御できると考えられたからである。

ところが、都市化時代を後にした今日に至り、そのどれもが、疑わしくなってきている。インフラ整備が進んでも都市の魅力は高まらず、一方で何か大切なものが失われたように感じる。経済が成長しても生活は豊かになったようには感じず、かえって終わることのない競争に追われ、経営にしばられ息苦しさすら感じられるようになる。科学が発達したからといって、個々人が賢くなっているわけでもなければ、世界が賢明な歩みをしているようにも思えない。これまで近代化を支えてきた物語を率直に信じるわけにはいかなくなってきているのである。そのような状況の中で明日を語らなければならないところに難しさがある。先行きが不透明というだけでなく、近代の価値観がゆらぎ、物的変化以外に何をもって将来を語ったら良いのかわからなくなったために、望ましい将来像というものが描けないのだ。

合理性の回復・正当性の回復

一方で、「計画」という言葉が、市民の間で時に、自由を束縛するもの、あるいは公権力の介入と捉えられているということを、都市計画に携わる者は心にとどめておいた方が良い。都市計画に関わる委員会等で議論していて気づくことは、人は容易に他人の自由に制約を加えようとするということ。景観のために統一した方が良い、車は使わないようにすべきである、都市はコンパクトにしなければならないといった発言が市民の方から出てくる。一方、許可の判断に関わる委員会等では、事業者や建築家からは規制の抜け穴をつくような提案が出てくる。ルールには触れないが、規制の趣旨にはそむいているといった類である。制約を設けること自体に反発を覚えているのであろうと思われる。

都市計画は、こういった左派と右派、つまり自由に規制しようという人たちと、規制から自由になろうという人たちに挟まれたところに成立しているのである。だからこそ合理性と正当性が重要なのだ。合理的な政策というものは、少なくとも合目的的であり、実効性があり、そして効率性、公平性を持ったものでなければならない。つまり、目的に対して正しい判断をしていると納得される必要がある。また正当性とは、規制を受けても最終的にはそれ以上に利益があると理解してもらえることでもある。そうして、両立場にある人々を説得しなければならないのである。

さらに、都市計画を支えているのは、公共の福祉という概念であることも忘れてはなるまい。それは多主体の権利を考えた場合に財産権が自ずと受けるところの制約である。[*1] それは、「皆が同じことをした場合の結果が受け入れられない場合にはその行為は行ってはならない」という倫理の黄金律に基づくものであるから、[*2] 一人ひとりの立場に立って考えてみればわかることであろうが、計画家を含めた政策立案者には、そうした十分な検討と配慮が要求されているのである。

合理主義的アプローチをとっている段階においても、私たちの計画は、規制を受けたりあるいは事業を受け止めたりする側がそれを正当なものと認める範囲において、可能だったのであり、漸進主義的なアプローチをとる場合には、日々の行動・判断の中にそうした人々の立場と事の帰結への配慮が必要となろう。

変革期に向かう姿勢

今日の都市計画を危うくしているのは、また、都市計画のシステムで解けないことを無理に解こうとするところから生じているように思われる。確かに、個々の具体の都市計画で解けないものを、総合的に解こうとするのもマスタープランの役割であった。今日、その都市計画でも解けない課題が多々現れており、それらに対して行政の縦割りの壁を取り払い、さらにいっそうの総合的な取組みが求められるとともに、主体的かつ漸進的に取り組み、知識蓄積を行いながら、施策の最適化を図る必要に迫られている。

こうした取組みが可能となるよう行政―政策システムの改革に向き合うべきであろうが、何か新しいことを始めようとすると、先が見えないことであるし、知識の蓄積が不十分であることから、ここでも漸進主義に立たざるを得ない。すなわち、行政―政策システムの改革を、いきなりトップダウンで考えるのではなく、確かなところから小規模な改革実験を行い、あるいは研究と議論を尽くし、経験的知識の蓄積がなったところで全体のシステムの変更を考えればよかろう。

それが、先頭を歩む者のとるべき方法であろうが、自分の頭で考える習慣のない人々は、先行事例のないものには手も付けようとしない。他での確立を待って成果だけを持って来ようとする。これではイノベーションが求められる時代、いつまで経っても生産性は上がるまい。まず行うべきは、地方自治体の現場のレベルでの多様で柔軟な試みを許すしくみをつくることであり、現場をそのように励ますことであろう。

市町村が自分の頭で考える時代へ

ところが、マスタープランの実態が示すように、地方自治体は、自ら計画的自由を失っているように見える。都市計画コンサルタントの力を借りていることはさておくとして、現時点での計画課題は何かということを意識したり、あるいは市民に向かってそれを語るといった主体的な努力を欠いているように思われるのである。それは、都市計画を難しくすることによって、中身が形骸化しているともいえる。このような状況では、もちろん課題の背後にある問題構造の追求や、そもそも自らの都市の形成メカニズムを解明したりといった探究心も失せる。行政にはそのような時間がないのかもしれないが、しかし自ら考えないことにはイノベーティブにはなれまい。あるいは、そのようなところでこそ大学との連携をとるべきであろう。

こうした地方自治体の状況は、補助金がつくことしかしないという習慣が定着した結果なのではないかと疑っている。むしろ、常に今必要な計画的行為は何なのかと考える習慣を持ち、本当に必要であれば、補助金がなくともやるというくらいの気概が必要ではあるまいか。そうでなければ、真の自治は実現しまい。

補助金に誘導された計画行政の何よりもの問題点は、計画を次々と消費してゆくことにある。どの計画も一、二年でできるが、相互のつながりが希薄で、次々とつくられてはゆくが知識や経験の蓄積が乏しく、計画行政としての発展につながらない。最初はゆっくりとしたペースでも良いから、早く自分の頭で考える習慣をつけ、考える力（方法や技術も含めて）を養うことが重要であろう。計画を考える力、計画力を高めなければ、漸進主義への移行など考えようがあるまい。

そもそも都市計画審議会での議論からして、専門性に欠ける上、弁証法的な発展を見ない。質問や意見に対して行政担当者が説明を返して終わりというのでは、建設的ではない。これではその町の都市計画の骨格となるフィロソフィーやポリシーを形成するような「考える」組織とはならない。

こうした状況に対し、国は地方自治体の都市計画行政の自立を促し、それぞれに計画力を育む方向に政策の舵を切るべきであろう。これまで、わが国の都市計画行政は少なくとも二度の変革期を経てきている。一番目は都市計画法（新法、一九六八）に基づき線引きと新たな用途地域が導入された時であり、その困難の中でひとまず土地利用規制の枠組みがつくられた。二番目は、市町村マスタープランの導入された時（一九九二）であり、この時より、少なくとも形の上では、自らの都市計画を語るようになった。もし、これからマネジメントの考え方が導入されると、第三の転換期になるのではなかろうか。マネジャーやマネジメント組織を育てるか、自らマネジメントに乗り出さなければならなくなれば、都市のことをより真剣に考えざるを得なくなることであろう。

自由を取り戻す都市計画学

学生を見ていればわかることだが、素直な学生たちは、世の中で良いといわれていることをいおうとする。それを見て批判精神の欠如だと思うのだが、それは自分たちの姿を映しているのではないかと考えなければならない。研究はいつの間にか価値観を問わなくなった。それは単に、批判するに足るだけの分析力がないためかもしれないが、しかしそれでは、学問は発展しまい。価値観の調整という作業が中心にある都市計画の実践的トレーニングにもなるまい。技術的には大変複雑化した都市計画を、再度、その基礎から理解するという作業が必要なのかもしれない。

都市計画の自由は、自由に振る舞って見せることではない。都市計画の自由は、むしろその不自由さを理解するところに生まれるように思われる。問題構造を理解すること、地域に入って対話的構造を理解すること、コンテクストを理解すること、等々、いかに私たちがこの世界の網目の中に絡め捕られてあるかを理解することで、逆に、その尊重、くずし、組換えといった発想の可能性を得るはずである。つまり、そこで建設的な方向性を持った、自由な発想が可能になるのだと思われる。

都市計画の変革試論ということで議論を進めてきたが、そのめざすべきものは、それぞれの場で、自由を取り戻すことであり、この微妙な立場にある都市計画が自信をもって人々の自由と自治の増進に貢献しているといえるような状況がつくられることを願って終わりとしたい。

15章　註

＊1　一元的内在制約説による。ホームページ「日本国憲法の基礎知識」（http://kenpou-jp.norio-de.com/）参照

＊2　このような規準は「普遍化可能性の規準（universalizability criterion）」とも呼ばれている。Charles E. Harris, Michael S.Pritchard, Michael J. Rabins（1995）、社団法人日本技術士会訳編（１９９８）『科学技術者の倫理―その考え方と事例』、丸善

付　文献リスト（これからの都市計画に向けられたもの）

1　蓑原　敬（１９９８）『街づくりの変革―生活都市計画へ』、学芸出版社

2　日本都市計画学会（２０００）「特集：日本都市計画21世紀ビジョン」、都市計画 228, vol.49, no.5

3　蓑原　敬編著（２０００）『都市計画の挑戦―新しい公共性を求めて』、学芸出版社

4　日端康雄・北沢猛編著（２００２）『明日の都市づくり―その実践的ビジョン』、慶應義塾大学出版会

5　都市新基盤整備研究会・森地茂・篠原修編著（２００３）『都市の未来』、日本経済新聞社

6　蓑原　敬（２００３）『成熟のための都市再生―人口減少時代の街づくり』、学芸出版社

7　財団法人日本都市センター（２００４）『これからの都市づくりと都市計画制度―都市計画制度と今後の都市づくりのあり方等に関する調査研究最終報告書』

8　財団法人森記念財団（２００４）「街並み計画法の提案―成熟した時代の街づくり、里づくりに向けて」

9　日本都市計画学会（２００８）「特集：都市計画制度を構想する―２０１９年都市計画法に向けた課題」、都市計画 272, vol.57, no.2

10　日本地域開発センター（２００８）「特集：都市計画法の抜本改正を考える」、vol.526

11　小林重敬（２００８）『都市計画はどう変わるか―マーケットとコミュニティの葛藤を超えて』、学芸出版社

12　蓑原　敬（２００９）『地域主権で始まる本当の都市計画・まちづくり―法制度の抜本改正へ』、学芸出版社

13　五十嵐敬喜・野口和雄・萩原淳司（２００９）『都市計画法改正―「土地総有」の提言』、第一法規

14　日本都市計画学会（２０１１）「特集Ⅰ：都市計画２０５０年論／特集Ⅱ：理論と実践の対話」、都市計画 293, vol.60, no.5

15　蓑原　敬編著（２０１１）『都市計画―根底から見直し新たな挑戦へ』、学芸出版社

16　蓑原・饗庭・姥浦・中島・野澤・日埜・藤村・村上（２０１４）『白熱講義　これからの日本に都市計画は必要ですか』、学芸出版社

17　谷口　守（２０１４）『入門都市計画―都市の機能とまちづくりの考え方』、森北出版

18　饗庭　伸（２０１５）『都市をたたむ―人口減少時代をデザインする都市計画』、花伝社

19　日本都市計画学会（２０１６）「特別号：これからの都市計画」、都市計画特別号

［著者略歴］

小林敬一（こばやし・けいいち）

一九五八年生まれ。東京大学卒業。工学博士。東京大学工学部助手などを経て東北芸術工科大学教授。

専門は都市計画・都市デザイン。

著書は他に『詩に詠まれた景観と保全―福島県高子二十境の場合』西田書店、

共著に『景観再考―景観からのゆたかな人間環境づくり宣言』日本建築学会編、鹿島出版会など。

都市《とし》計画《けいかく》変革論《へんかくろん》
ポスト都市化《としか》時代《じだい》の始《はじ》まり

発　行　二〇一七年二月一〇日　第一刷発行
著　者　小林敬一《こばやしけいいち》
発行者　坪内文生
発行所　鹿島出版会
〒一〇四―〇〇二八　東京都中央区八重洲二丁目五番一四号
電話　〇三（六二〇二）五二〇〇
振替　〇〇一六〇―二―一八〇八八三
ブックデザイン　田中文明
印　刷　壮光舎印刷
製　本　牧製本

ISBN 978-4-306-07331-9 C3052
Printed in Japan

本書の内容に関するご意見・ご感想は左記までお寄せください。
URL: http://www.kajima-publishing.co.jp
E-mail: info@kajima-publishing.co.jp